全屋定制
整体橱柜设计与制作

筑美设计　著

江苏凤凰科学技术出版社 · 南京

图书在版编目（CIP）数据

全屋定制. 整体橱柜设计与制作 / 筑美设计著.
南京 ： 江苏凤凰科学技术出版社，2025. 1. -- ISBN
978-7-5713-4740-6

Ⅰ. TU241；TS665.2

中国国家版本馆 CIP 数据核字第 2024VT7058 号

全屋定制　整体橱柜设计与制作

著　　　　者	筑美设计
项 目 策 划	凤凰空间 / 杜玉华
责 任 编 辑	赵　研
责任设计编辑	蒋佳佳
特 邀 编 辑	杜玉华

出 版 发 行	江苏凤凰科学技术出版社
出 版 社 地 址	南京市湖南路 1 号 A 楼，邮编：210009
出 版 社 网 址	http://www.pspress.cn
总 　 经 　 销	天津凤凰空间文化传媒有限公司
总 经 销 网 址	http://www.ifengspace.cn
印　　　　刷	北京博海升彩色印刷有限公司

开　　　　本	710 mm × 1000 mm 1 / 16
印　　　　张	10
字　　　　数	192 000
版　　　　次	2025 年 1 月第 1 版
印　　　　次	2025 年 1 月第 1 次印刷

标 准 书 号	ISBN　978-7-5713-4740-6
定　　　　价	78.00 元

图书如有印装质量问题，可随时向销售部调换（电话：022-87893668）。

前言

　　橱柜有悠久的历史，属于最古老的家具品种之一。传统橱柜功能单一，仅能起到存放碗碟的作用。随着时代的进步和经济的发展，橱柜的功能越来越丰富，整体橱柜开始逐渐进入人们的视野，占据厨房装修消费市场的重要位置。

　　整体橱柜能将各类储物柜、操作台、电器设备、功能构件等结合起来。根据厨房结构设计出各具特色的橱柜样式，可以充分满足消费者的个性需求。我们要合理搭配色彩与板材纹理，营造出温馨、浓厚的生活氛围。整体橱柜是现代家庭不可或缺的家具，无论是功能还是样式，已经越来越具备创意性与艺术性。一方面，整体橱柜彰显了大众对便利、个性、时尚的追求，兼顾了实用性、功能性与美观性，空间利用率很高；另一方面，整体橱柜的制作工艺也更加成熟，全面采用各类自动化生产设备进行生产加工。目前，我国的橱柜行业整体上已经具备国际领先水平，形成了完整的产业链，进一步促进了整体橱柜产业的健康发展。

　　投身整体橱柜行业，需要打好扎实的理论与实践基础，其重点在于橱柜板料的选配与现场安装，这两大环节是整体橱柜发展的灵魂。从专业技术到行业管理，只有厘清整体橱柜行业的产业模式，才能在这个行业中获得成功。

　　本书从整体橱柜的概念、发展等内容入手，逐一介绍整体橱柜设计基础，现代厨房收纳设计，预算、报价与签约，整体橱柜材料与构造，整体橱柜制作工艺，厨房水电布置安装，整体橱柜安装方法，整体橱柜维护保养等一系列知识。通过表格、数据分析、对比图、图文解析、小贴士等，介绍整体橱柜设计制作的每一个环节，是一本一看就懂的零基础整体橱柜设计制作全书。

　　本书总结并强化了行业多年来沉淀与积累的基础知识，旨在提升从业人员的专业潜质、职业技能，丰富其管理经验，并走向整体橱柜行业管理与质量监控业务领域。本书中的整体橱柜方案由湖北工业大学艺术设计学院设计绘制。

筑美设计

目录

第1章

初步了解整体橱柜

重点概念： 构成、发展趋势、产业链、从业人员、门店营销

章节导读： 橱柜作为厨房家具，综合使用性能强。现代整体橱柜不仅具备使用功能性，还具备艺术美感，是家具中整体品质较为突出的品类。整体橱柜可以完美体现厨房的设计思想，能利用有限的空间合理布局厨房用具与厨房家电，是厨房当之无愧的主导（图1-1）。

图 1-1　整体橱柜展厅

根据不同户型的建筑结构设计，将橱柜的造型与墙体、楼板紧密结合，形成嵌入式的视觉效果，收纳储物功能无处不在，这是整体橱柜最大的魅力

1.1.1 整体橱柜的概念

整体橱柜起源于欧美，由电器、橱柜、燃气用具、厨房功能用具组成。这种橱柜具有较强的个性化特征，能够根据厨房的布局、面积及业主的消费习惯、个人爱好等，设计出集协调性、功能性、美观性于一体的厨房空间。

1）整体橱柜的构成

整体橱柜主要包括柜体、柜门、台面、五金配件、功能配件、电器、灯具、饰件等。它不仅能协调厨房内部的工作程序，还能与室内整体环境搭配，营造出一种温馨、生活化的家庭氛围。

（1）柜体：主要包括吊柜、地柜、台上柜、半高柜、高柜、装饰柜等。根据制作材料的不同也可将其分为多层实木板柜体、纤维板柜体（图1-2）、刨花板柜体、生态板柜体、颗粒板柜体等。

（2）柜门：种类较多，常见的制作材料有防火板、烤漆板、吸塑板、实木板、三聚氰胺板、模压板、爱格板（图1-3）、高光亚克力板等。

图1-2 纤维板柜体

用于制作橱柜柜体的纤维板又称为密度板，它具有较高的硬度和较强的抗污能力，表面能够直接刷漆，可自由贴面，装饰性和实用性比较强

爱格板是一种人造板材，属于高品质饰面刨花板，多用于制作橱柜柜门，具有良好的抗刻划性和耐酸碱性，且表面易清洁，并能够很好地抵抗紫外线，不会轻易褪色或变色

图1-3 爱格板柜门

（3）台面：常用的橱柜台面主要有不锈钢台面（图1-4）、人造石台面（图1-5）、石英石台面、天然石材台面、防火板台面、岩板台面等。

不锈钢台面坚固、耐用，使用寿命长，抗污能力比较强，易于清洁。但这种台面的可塑性和抗刻划性较差，被利器划出划痕后不易修复。不锈钢材质会给人一种冰冷的感觉，舒适感相对比较差

图1-4 不锈钢台面

人造石台面拥有较强的耐污性能，抗压性和抗冲击性也比较不错，但这种台面的抗高温性比较差，可在台面上放置餐垫，用以隔绝高温

图1-5 人造石台面

（4）五金配件：主要包括拉手、吊码、导轨、铰链、抽屉滑轨以及其他装饰配件等。

（5）功能配件：主要包括水龙头、上水器、下水器、水槽、拉篮、置物架、拉架、垃圾箱、米箱等。

（6）电器：主要包括抽油烟机、消毒柜、冰箱、灶具、微波炉、洗碗机、垃圾处理器、厨房小家电等，根据个人需要选择即可。

（7）灯具：主要包括层板灯、内置式橱柜专用灯、外置式橱柜专用灯、顶板灯等。灯具样式可依据个人喜好而定，但注意要与整体橱柜搭配。

（8）饰件：主要包括顶板、顶角线、顶封板、外置搁板、踢脚板等。

 小贴士

砖砌橱柜

砖砌橱柜是使用瓷砖、红砖、水泥砂浆等材料搭建柜体，以钢筋混凝土为主要材料现浇台面基础，并搭配成品台面、柜门、五金、电器等，从而组成的全套式橱柜。砖砌橱柜的优点是耐用性比较强，可自由定制，环保性能较好，具备一定的装饰效果，且使用面积大。但是砖砌橱柜容易产生卫生死角，不能彻底清洁干净，此外对制作工艺的要求较高，因此施工成本较大。

2）整体橱柜的优点

（1）整体性和美观性强。整体橱柜的色彩与材质都具有较强的艺术美感，与室内整体设计统一，美观度高。

（2）布局合理。整体橱柜的布局设计结合了多方面因素，包括使用者的生活习惯、个人色彩喜好、整体室内设计风格、活动动线等（图1-6）。

（3）经久耐用。整体橱柜所选用的制作材料具有较强的耐用性。

（4）环保性能好。优质的整体橱柜追求环保，所用材料无毒、无害，确保不危害人体健康（图1-7），且清洁方便，可减轻家务负担。

（5）售后服务较好。正规厂家的整体橱柜符合国家标准，如果有质量问题，会得到及时的售后服务。

合理的橱柜布局不仅能充分利用室内空间，还能在视觉上扩大厨房面积，使厨房更具开阔感

图1-6 整体橱柜布局

图1-7 整体橱柜环保证书

优质整体橱柜会附带环保证书，注意查看证书上标识的材料环保等级

3）整体橱柜的缺点

实木材质的整体橱柜容易在冬季和阴雨季节发生变形，在高温或干燥的环境下又容易脱水开裂，同时表面极易出现划痕、掉漆等情况，因此在使用中，其保养和维护需要花费一定的时间和费用。

1.1.2 正确选择整体橱柜

选择整体橱柜要注重以下几个方面：

1）检查橱柜板材封边

优质整体橱柜板材封边十分平滑，且质感细腻、手感柔和，板材封边线条也十分平直，

接缝处的处理与抛光处理都很精细。劣质的板材封边往往是不牢固的，在使用过程中还会释放有害气体。

2）检查橱柜门板

优质整体橱柜门板表面不会有划痕，做工精细，门板上的纹理清晰可见且安装平直、齐整，缝隙均匀（图1-8）。

3）检查橱柜孔位

整体橱柜采用三合一连接件组装而成，仔细观察内外孔位和上下孔位是否处于同一水平线，以及孔的位置是否准确等，橱柜上定位连接孔位的好坏直接影响橱柜整体的稳定性。

4）检查橱柜安装效果

仔细观察橱柜安装完成后的整体效果，优质整体橱柜不仅结实、稳定，整体装饰效果和美观性也较好。

5）检查橱柜五金件

五金件的品质决定了橱柜的使用寿命。五金件应当与橱柜各部件完美适配，即使开合上万次，也不会出现太大的问题。尤其是抽屉滑轨安装尺寸应无误差，且抽拉顺畅，不会发出异响（图1-9）。抽屉缝隙应均匀。

图1-8　优质橱柜门板外观

图1-9　抽拉顺畅的抽屉

优质整体橱柜的门板板面横平竖直，且门板关闭后门缝处于平直状态，门板之间的间隙也十分均匀

查看抽屉滑轨时，应确认滑轨尺寸是否合适，且抽屉关上后不应有过大的缝隙。滑轨表面应没有弯曲或生锈的迹象，表面色泽也比较鲜艳

1.2 整体橱柜行业发展

1.2.1 国外整体橱柜行业市场情况

　　整体橱柜起源于欧美国家，在发展中不断完善，现在其具备的功能越来越丰富。目前国外整体橱柜行业发展迅速，整体橱柜的市场占有率很高，是主流家具构件（图1-10～图1-13）。

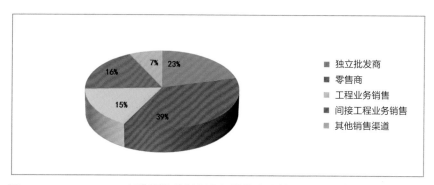

图1-10　2017—2022年欧洲整体橱柜市场销售占比情况统计（欧洲木业协会）

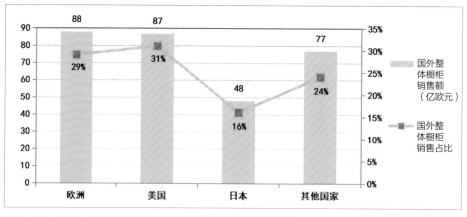

图1-11　2017—2022年国外整体橱柜销售额与销售占比

图1-12　2020—2022年欧洲整体橱柜产量占比

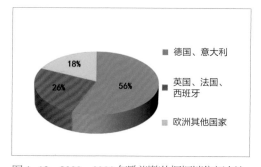

图1-13　2020—2022年欧洲整体橱柜销售额占比

1.2.2　国内整体橱柜行业发展现状

从 2015 年至今，我国整体橱柜市场在不断拓展，消费者对整体橱柜的认知不断提升，整体橱柜逐渐取代传统的现场制作橱柜，同时，中高端橱柜产品消费额有大幅提升（图 1-14、图 1-15）。

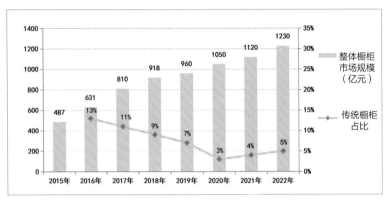

图 1-14　2015—2022 年中国整体橱柜市场规模统计

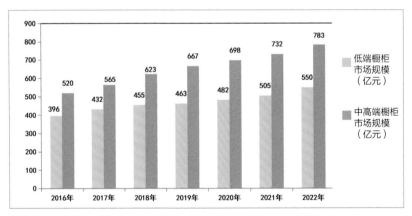

图 1-15　2016—2022 年中国不同级别整体橱柜市场规模细分统计

1.2.3　整体橱柜发展趋势

1）一体化

为了迎合更多消费者的需求，未来整体橱柜会结合厨房、餐厅、过道、阳台的整体布局，与厨房电器、厨房用具搭配起来，向智能化方向发展。

2）品牌化

随着行业的迅速发展及行业间良性竞争的引导，整体橱柜市场开始朝着规范化、品牌化方向发展，品牌企业主导整个橱柜行业的发展，对整体橱柜的质量提出了更高要求。

3）网络化

整体橱柜与互联网结合，通过互联网与手机 APP 展开营销，包括展示设计、报价、验收、售后等全程业务，消费者能通过网络来体验整体橱柜的宣传与服务。

1.3 完善的橱柜产业

整体橱柜行业发展到一定阶段，就会形成产业链，参与产业发展的还有其他相关从业人员，这些都是整体橱柜行业平稳发展的基础。

1.3.1 整体橱柜产业链

打造整体橱柜产业链要求严格把控产品质量。在互联网广泛普及的社会环境下，整体橱柜的研发与生产应当具备创新性，体现出经营管理的水平和产品的核心竞争力（图1-16）。

利用互联网来协调橱柜的上游、中游、下游产业链，这是整体橱柜快速发展的主要表现形式。商家可以利用互联网了解消费者的具体需求，消费者也能因此获得个性化服务，整体橱柜企业能够实现精准设计、加工、配送、安装一条龙服务

图1-16 品牌橱柜产品展示

打造一条完整的整体橱柜产业链，必须合理规避橱柜生产与销售环节中存在的风险，同时协调不同行业之间的关系（图1-17）。

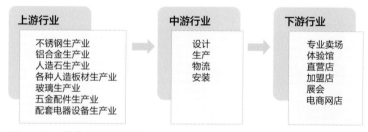

图1-17 整体橱柜产业链

在整体橱柜的生产、销售过程中，要把控整体橱柜制作材料的质量，提升成品橱柜的设计效果，提高销售店面的诚信度。还可以进行强强联合，将整体橱柜与电器设备、五金配件一起销售，从而扩大销售面，获取更多收益。

1.3.2　整体橱柜从业人员

整体橱柜从业人员的岗位设置与对应职责需要科学分配，设立合理的奖惩制度来调动职员的竞争活力，这也能很好地提高整体橱柜的销售业绩与员工的工作积极性（表1-1）。

表1-1　整体橱柜企业人员配置

序号	岗位	数量（人）	工作职责	业务素养
1	管理人员	1	负责管理整体橱柜生产、销售过程中涉及的所有工作人员，统筹店铺内的所有销售工作和制作工厂内的生产工作	有强烈的责任感与进取心，熟悉整体橱柜业务全程，兼顾营销、设计、生产加工、物流运输、安装、售后等一系列业务知识
2	设计人员	2	负责整体橱柜设计，监督整体橱柜的安装工作，与安装人员良好地沟通，讲解说明设计要点，指导解决安装过程中出现的问题，对厨房内部墙面、地面、顶面的颜色、造型等提供指导意见，与顾客保持沟通	能熟练使用各种设计软件，具有一定的美术基础，拥有艺术审美与视觉搭配的能力
3	制作人员	6	负责整体橱柜的生产工作，包括拆单、下料、组装等，与设计人员良好沟通	能看懂整体橱柜设计图纸，熟练使用设计拆单软件与板件加工设备，能独立安装橱柜
4	销售人员	2	负责整体橱柜的宣传、销售、公关工作	了解整体橱柜的设计特点、制作工艺、板材特色等，并具有良好的沟通能力
5	售后安装人员	2	负责上门安装整体橱柜与售后跟踪服务	有安装基础和设计基础，沟通能力要好
6	财务行政人员	1	负责管理财务资金，制定财务管理制度，管理企业资产，编制财务预算报告表，并进行成本核算、会计核算、收支分析等	有较强的职业素养与责任心，通过会计专业技术资格考试，了解整体橱柜业务运营流程

1.4　整体橱柜门店营销

1.4.1　做好市场调研

整体橱柜门店的营销十分重要，是橱柜产品业务销售的关键。开店之前应当了解当地橱柜门店的分布情况，橱柜的价格浮动情况，影响橱柜行业的因素，橱柜消费人群地域、年龄、预算金额情况，消费者对橱柜的关注情况，与橱柜行业相关的政策等（图1-18～图1-20）。

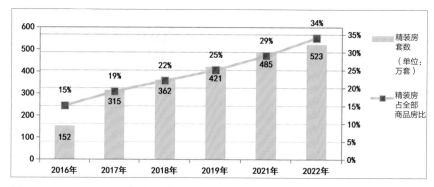

图1-18　2016—2022年全国精装房套数与精装房占比

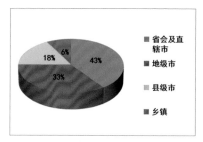

（a）整体橱柜消费人群地域占比

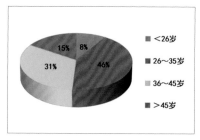

（b）整体橱柜消费人群年龄占比

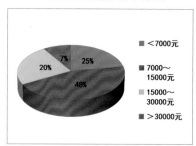

（c）整体橱柜消费人群预算金额占比

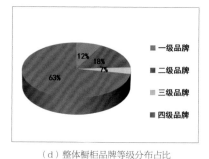

（d）整体橱柜品牌等级分布占比

图1-19　2017—2022年整体橱柜消费人群地域、年龄、预算金额、品牌等级分布占比分析

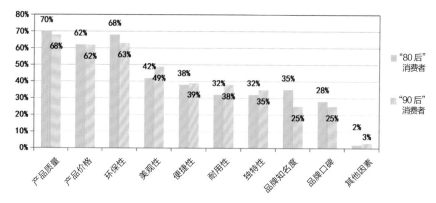

图1-20　2017—2022年消费者对整体橱柜的关注点及占比

1.4.2　开店细节事宜

（1）挑选开店位置，考虑周边同类门店的情况以及交通环境、消费群体情况等，选择人流量较大、靠近建材市场或商圈的位置来开设店铺。

（2）确定好加盟品牌，或创立新品牌，了解加盟费用与加盟条件，了解整体橱柜设计、生产与安装知识。

（3）根据门店规格设立岗位，选择合适的供货商，保证橱柜的质量与售后服务工作。

（4）装修风格要具有特色，橱柜样品展示要能凸显出特点，色彩与灯光等要能营造出良好的购物氛围。

（5）参考周边同类型店铺的价格设定，同时结合装修成本、店铺租金成本、制作成本、运输成本等来综合设定橱柜的价格。

1.4.3　橱柜门店营销策略

1）口碑营销

口碑营销的重点在于"五T要素"，即话题（Topics）、讨论者（Talkers）、传播工具（Tools）、参与（Taking Part）、跟踪服务（Tracking），这既是一场持久战，同时也是最能给整体橱柜门店带来长久、稳定收益的营销手段之一（图1-21）。

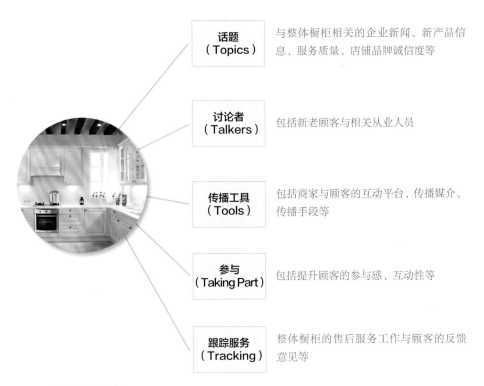

话题（Topics） 与整体橱柜相关的企业新闻、新产品信息、服务质量、店铺品牌诚信度等

讨论者（Talkers） 包括新老顾客与相关从业人员

传播工具（Tools） 包括商家与顾客的互动平台、传播媒介、传播手段等

参与（Taking Part） 包括提升顾客的参与感、互动性等

跟踪服务（Tracking） 整体橱柜的售后服务工作与顾客的反馈意见等

图1-21　口碑营销的重点

2）电话营销

（1）明确打电话的目的，简要说明橱柜的优点，随时记录客户的需求。

（2）分析客户的消费心理，赢得客户的心理认同，突破客户的心理防线。

（3）做话题的引导者，开场白不宜过长，要及时察觉客户的情绪，一旦客户有烦躁心理，应及时调整话题。

（4）选择合适的时间进行电话营销，并有针对性地提问。

3）微信公众号营销

微信公众号营销具有较好的市场性，且微信公众号的受众范围十分广泛，只需一键转发便能将优质推广文案分享给他人（图 1-22）。

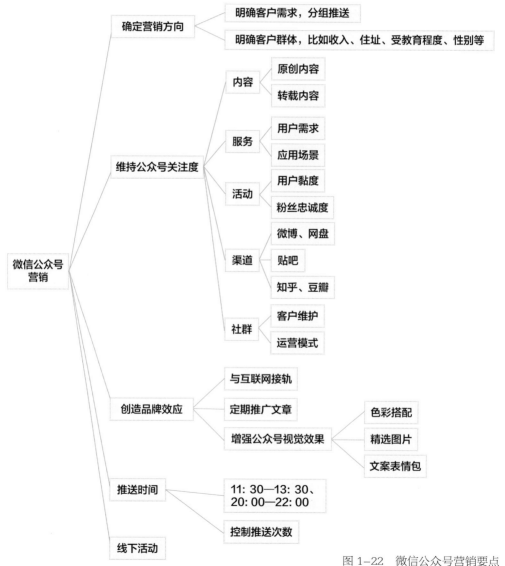

图 1-22　微信公众号营销要点

第 2 章

整体橱柜设计基础

重点概念： 厨房设计、色彩搭配、橱柜造型、测量与绘图、交流技巧

章节导读： 为了保证室内空间的视觉美感，在进行整体橱柜设计时，应当考虑不同色彩与造型的橱柜带来的氛围感。为了保证整体橱柜的顺利使用，在测量尺寸与绘制图纸时要慎之又慎。设计者应当具备较强的设计素养与沟通能力，这样才能将客户诉求与实体设计融合起来，从而设计出具有个性化特征的整体橱柜（图2-1）。

图 2-1　整体橱柜应用

橱柜是厨房中的主要家具，了解厨房基础功能后再做厨房设计，能让橱柜与厨房之间的联系变得更紧密。整体橱柜能将客户需要的储物空间进行多元化分隔，柜门形体与尺寸应根据特定的储物功能来设计

2.1 厨房设计基础

2.1.1 厨房设计要点

1）布局要合理

厨房应结合烹饪动线、厨房面积、厨房平面形式等进行合理的布局。通常烹饪动线为：拿取食材→处理食材→食材备用→烹饪食材→菜品出锅（图2-2）。

图2-2 厨房烹饪动线

2）注意设计细节

不同操作区的台面高度要根据使用者的身高来定，吊柜高度设置要合理，在台面往上500 ~ 700 mm 处较为合适。厨房内部灯光与橱柜内部灯光应相互配合，灯光设计要分清主次，并有辅助照明，注意避免眩光。

3）具有便捷性与安全性

厨房设计应考虑操作便捷与用电安全。例如，在厨房内要保证插座数量充足，一般需安装 10 个左右。同时，插座应远离明火或有水喷溅的位置，可根据位置需要安装防水式插座。

4）注重实用性与美观性

橱柜台面应选择比较耐脏的颜色，硬度要高，以防被尖锐利器划伤。水龙头选择抽拉式，使用起来会比较灵活、方便。厨房拐角空间应得到充分利用（图2-3）。橱柜的整体设计需要与厨房的色彩、灯光及厨房电器等搭配和谐（图2-4）。

转角拉篮可以将厨房角落空间很好地利用起来，实用性与便捷性比较强，价格也较实惠

图 2-3 转角拉篮

美观且实用的厨房自然会受到人们的喜爱，在设计厨房时要充分考虑不同设计要素之间的协调

图 2-4　美观设计

 小贴士

暗厨设计

暗厨指没有窗户的厨房，这类厨房的采光与通风条件比较差，可对其进行适当的改造：

① 开设新窗。在厨房非承重墙上开设一扇窗，从室内其他空间借光并通风。

② 改为开放式厨房。拆除部分厨房墙体，厨房面积在视觉上也会有所扩大。

③ 扩大门洞。扩大厨房门洞，安装玻璃推拉门，从而获取其他空间的采光。

④ 设置合适的灯光。选择适合的光源，设置合适数量的灯具，从而提高厨房亮度。

厨房设计注意事项

　　燃气表不可随意移动，燃气管道应为明管，易燃易爆物品不可放置于厨房中。要分清非承重墙与承重墙，在合适的范围内可以拆除非承重墙。厨房顶面、墙面应当选择抗污能力与防火能力都较强的材料，比如铝扣板吊顶；地面则应选择防滑性能较好的材料。橱柜高度与抽油烟机的安装高度要根据使用者的身高定制设计。

2.1.2　橱柜布局形式

　　常见的橱柜布局形式主要有五种，即一字形布局、L 形布局、U 形布局、双边通道布局、岛台式布局（图 2-5 ～图 2-9）。

一字形布局的橱柜适用于面积小于 6 m² 的厨房，工作动线呈一条直线，设计橱柜时要考虑好抽油烟机的安装位置，并考虑是否将其纳入橱柜中。这种布局形式是将橱柜、水槽、燃气灶等都设计在一面墙旁，适用于生活较简单、对收纳要求不高的年轻人群体

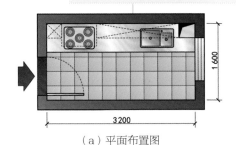

（a）平面布置图

（b）效果图

图 2-5　一字形布局

注：本书图中所注尺寸单位均为毫米。

L 形布局的橱柜适用于宽度不小于 1 800 mm 的厨房，使用频率较高。这种布局形式是沿相邻的两面墙布局，能很好地利用厨房内的拐角空间，但拐角空间仍旧存在一定的闭塞感，利用率比较低，适合较小的空间

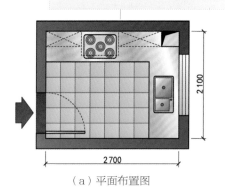

（a）平面布置图

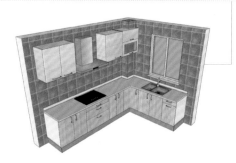

（b）效果图

图 2-6　L 形布局

U 形布局的橱柜左右两边进深多为 600 mm，中间过道宽度多为 1 200 mm，适用于空间长度大于 2 400 mm、形状比较方正的厨房。这种布局形式是沿三面墙布局，储存空间比较多，操作比较方便，但两侧转角处的利用率会比较低

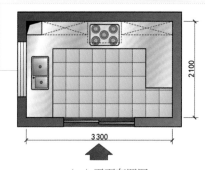

（a）平面布置图

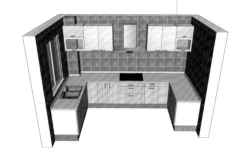

（b）效果图

图 2-7　U 形布局

双边通道布局适用于面积较大的厨房，这种布局形式是将操作区分别布置于平行的两面墙处，可供多人同时使用。缺点是直线动线减少，交叉动线增多，操作者常需进行 180° 转身

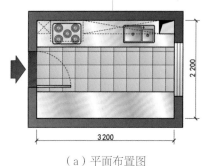

（a）平面布置图

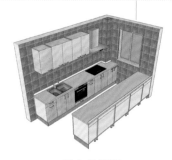

（b）效果图

图 2-8　双边通道布局

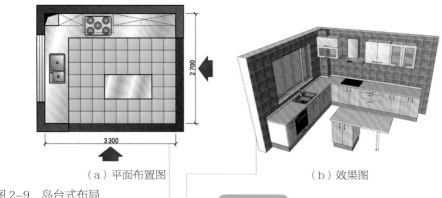

（a）平面布置图 （b）效果图

图2-9　岛台式布局

岛台式布局的整体橱柜呈岛屿式，储存空间较大，可在厨房内部增添独立操作台。这种布局形式适用于面积充足的厨房，增添的操作台还可作就餐区使用

💡 **小贴士**

厨房照明

　　厨房照明可分为整体照明、备菜区照明、烹饪区照明、收纳区照明等几种。整体照明可以使用吸顶灯或筒灯，备菜区照明、烹饪区照明可以使用灯带或筒灯，收纳区照明可以使用感应灯。

2.1.3　橱柜设计尺寸

　　橱柜的具体尺寸与厨房面积、平面形式等有关，其中台面高度要结合使用者的身高进行设计（图2-10、图2-11）。地柜与吊柜的间距应为500～700 mm；厨房插座的高度通常为距地1 300 mm（图2-12）；洗菜水槽距离两侧墙面不应小于150 mm；燃气灶边缘距离墙面不应小于100 mm，距离两侧墙面不应小于350 mm；厨房过道净宽不应小于1 000 mm，应至少能容纳一人自由行走。

　　在岛台式厨房中，中岛台上方吊顶与桌面之间的距离宜为700～800 mm，椅凳座面与中岛台面之间的距离宜为250 mm，操作台与中岛台之间的距离宜为800～1 000 mm。

台面太高操作费力，台面太低会让人腰酸背疼

合适的台面高度为800～900mm

台面应根据使用者的实际身高来设计，基本公式为：台面高度 = 身高（mm）÷2 + 50（mm）。此外可以请使用者平抬前臂，从肘关节向下100～150 mm的高度为台面的最佳高度

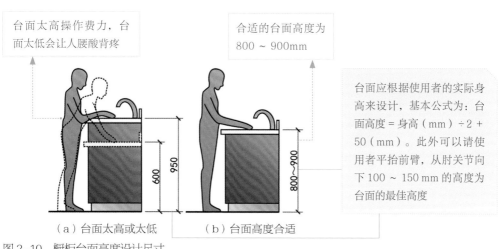

（a）台面太高或太低　（b）台面高度合适

图2-10　橱柜台面高度设计尺寸

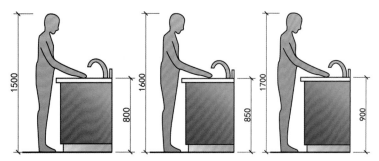

图 2-11　不同身高适合的台面高度

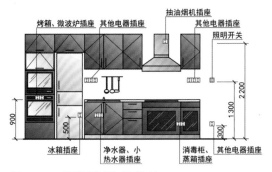

图 2-12　厨房插座安装高度

2.2　整体橱柜色彩设计

色彩是造型构成的基本要素之一，整体橱柜可运用色彩来营造不同的艺术效果与氛围。

2.2.1　色彩基础知识

1）色彩三要素

色彩三要素指色相、明度、纯度。整体橱柜所选色彩的色相、明度、纯度应趋于平衡（图2-13～图2-15）。

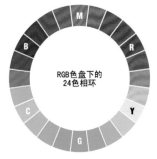

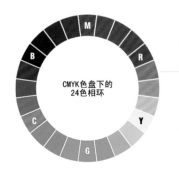

色相指色彩可呈现出来的质地面貌，它是不同波长的光给人的不同色彩感受，典型代表为红色、橙色、黄色、绿色、蓝色、紫色。整体橱柜选择色相主要根据客户的色彩审美倾向与空间风格来决定

图 2-13　色相

图 2-14　明度

图 2-15　纯度

明度指色彩的明暗程度。明度变化可通过色彩的对比产生，明度合适的色彩更能凸显出整体橱柜的空间感与设计感。高明度色彩适用于面积较小且采光较弱的厨房，低明度色彩适用于面积较大且采光较好的厨房

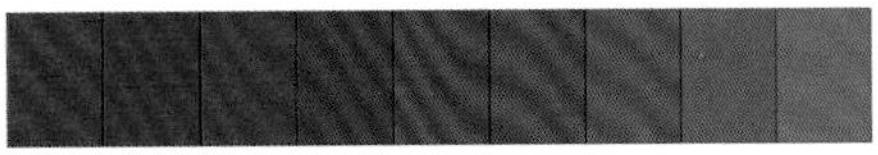

纯度又称为彩度，指色彩的纯净程度。纯度的变化可通过三原色互混产生，也可通过添加白色、黑色等来调整色彩的纯度。高纯度色彩适用于风格、个性鲜明的厨房，尤其是具有强烈设计风格的整体橱柜，但其视觉冲击力极强，要选择性使用。低纯度色彩适用于现代、简约设计风格，可用于开放式厨房的整体橱柜，需要与周边空间的色彩相协调

2）色彩设计特性

（1）色彩的冷暖感：暖色系色彩比如红色、橙色、黄色等具有较高的饱和度，能给人温暖感；冷色系色彩比如蓝色等具有较高的亮度，能给人清爽感。

（2）色彩的轻重感：明度是决定色彩轻重感的主要因素，不同色彩从视觉上能给人不同的轻重感，这种轻重感由色感与质感复合产生。通常明度高的浅色视觉感较轻，明度低的深色视觉感较重。

（3）色彩的膨胀与收缩：主要表现在同等面积下，不同色调的物体因心理因素的影响，在视觉上给人的面积感会有所不同，通常暖色、高纯度色彩、高明度色彩属于膨胀色，冷色、低纯度色彩、低明度色彩属于收缩色。

（4）色彩的艳丽与素雅：色彩的艳丽或素雅很大程度上取决于其饱和度与亮度。通常饱和度与亮度较高的色彩给人一种艳丽的感觉，饱和度与亮度较低的色彩则给人一种素雅的感觉。

（5）色彩的联想性：不同的色彩会让公众联想到不同的物品或情绪，色彩浓度不同，所表现情绪的浓烈感也不同。通常分为具体联想与抽象联想，这与氛围的营造有着紧密的关系。

① 红色。具体联想：太阳、火焰等；抽象联想：危险、热情等。

② 橙色。具体联想：灯光、柠檬等；抽象联想：温暖、欢喜等。

③ 绿色。具体联想：树叶、草地等；抽象联想：希望、生机等。

④ 蓝色。具体联想：大海、天空等；抽象联想：宁静、理智、清爽等。

⑤ 紫色。具体联想：葡萄、茄子等；抽象联想：优雅、高贵等。

⑥ 黑色。具体联想：夜晚、墨水等；抽象联想：严肃、刚健等。

⑦ 白色。具体联想：白云、雾气等；抽象联想：纯洁、明亮、清新、神圣等。

⑧ 灰色。具体联想：城市、灰尘等；抽象联想：平凡、谦逊、沉稳等。

2.2.2　整体橱柜色彩搭配

整体橱柜的色彩搭配形式主要有两种，即单色搭配与拼色搭配，设计时要注意整体橱柜的色彩应当与厨房及室内其他空间的色彩相协调。

（1）主色调：采用主色调加点缀色，即以厨房瓷砖的色彩为主色调，以整体橱柜的色彩为点缀色，注意要突出色彩的层次感，可适当搭配白色系、灰色系。

（2）三色搭配：整体橱柜与厨房内其他物件的色彩相加不应大于三种，这样既能突出设计的个性特征，同时视觉效果也较好。

（3）保持统一：整体橱柜与厨房内其他物件的色彩可为同一系列，但深浅有所不同。一般来说，墙砖到地砖的颜色应该由浅入深，橱柜颜色可相近。

（4）设计撞色：整体橱柜与厨房内其他物件的色彩可为冷暖撞色，这种色彩搭配方式要掌握好色彩浓度与色彩搭配（图2-16）。

（5）确定主风格：整体橱柜的风格可根据室内风格而定。

（6）空间相称：整体橱柜色彩的选择还需考虑厨房的面积，面积过小则不适合选用深色，浅色系在视觉上能让空间看起来更大（图2-17）。

图2-16　整体橱柜与墙砖的色彩搭配和谐　　　图2-17　色彩与空间相称

2.2.3　单色搭配

整体橱柜常见的单色搭配主要有白色系、原木色系、黑色系、灰色系、蓝色系、绿色系等，其他色彩也有少量运用，比如茱萸粉、淡紫色等（图2-18～图2-24）。

白色系简约、百搭，给人一种明亮、纯净的感觉

图2-18　白色系橱柜

原木色系耐脏、自然，带有文艺气息和田园格调

图 2-20　黑色系橱柜

黑色系个性特征比较强，给人一种科技感和现代感。但不适合窄小的厨房，会有一种视觉压迫感

图 2-19　原木色系橱柜

灰色系整体色彩比较素雅，给人一种沉稳感和高级感

图 2-21　灰色系橱柜

蓝色系柔和、淡雅，给人一种宁静感和清爽感

图 2-22　蓝色系橱柜

绿色系清新、自然、舒适、养眼

图 2-23　绿色系橱柜

淡紫色灵动、时尚，给人一种优雅感和高贵感

图 2-24　淡紫色橱柜

2.2.4　拼色搭配

拼色搭配同样可以形成很好的视觉效果，但选色时要注意搭配色彩之间所占的比例，可选择不同浓度的同色系进行拼色搭配，也可选择互为对比色的色彩进行拼色搭配。

整体橱柜常见的拼色搭配方式主要有白色＋干枯玫瑰色、蓝色＋原木色、蓝色＋白色、伊甸园绿＋白色、紫色＋白色、黄色＋橙色、橙色＋红色、灰色＋原木色、灰色＋白色等（图2-25～图2-28）。

图 2-25　深蓝色＋白色

图 2-26　浅蓝色＋白色

图 2-27　灰色＋原木色

图 2-28　灰色＋白色

色彩运用方法

　　整体橱柜的色彩要与周边环境相融合，空间整体色彩要有主次，要注意明度、纯度的层次感，不宜选择纯度过高的色彩。如果选用多种色彩，注意要把控不同色块之间的面积比例与纯度比例，面积小的色块应适当降低纯度，面积大的色块应适当提高纯度。整体橱柜的色彩还需要同厨房内的灯光相结合，冷暖感合适，通常暖色调的整体橱柜会更突出。整体橱柜一般选择暖色或浅色，这些色彩比较柔和，能使人很好地放松心情。

门店橱柜展示设计

2.3.1　门店设计基础

1）门头设计

门头是整体橱柜门店的基础，其设计不仅要考虑整个店面的风格特点，还要结合整体橱柜的品牌特性。门头要能凸显出品牌所包含的文化特征与产品理念，并具有一定的创意，能够抓人眼球，令人眼前一亮（图2-29）。

2）动线设计

合理的动线设计应当分区明确，并结合消费者的行走习惯、店内的布局和整体橱柜平面布置形式来设计，使消费者的参观动线无障碍并愉悦地体验完所有的整体橱柜产品。

3）灯光设计

灯光环境的营造是为了吸引更多的消费者，同时也能多方面展示整体橱柜的设计特点。店面内的灯光应当明暗有序，可用灯光叠加法来打造舒适的灯光环境（图2-30）。

4）色彩设计

整体橱柜店面的整体色调应当根据空间环境特色再结合产品风格做统一设计，店面内部的色彩应当具有一定的对比性，可运用冷暖色对比，注意色相、纯度与色调之间的协调性。

整体橱柜门店的门头应当具有一定的独特性，或大气、或简约、或精致，所设计的造型要符合整体橱柜风格的定位

整体橱柜店面内的灯光应当为消费者提供视觉导向，所营造的灯光环境应当具有舒适性

图2-29　门头设计

图2-30　灯光设计

2.3.2　整体橱柜展示

1）善用灯光

明确烹饪区、切菜区与洗菜区，分清主次，通常切菜区需要的灯光亮度较高，以避免发生切手事故。橱柜底部还可安装灯带，这样反射的灯光能够更好地映衬出整体橱柜的设计感，立体感也会更强（图2-31）。

> 整体橱柜适合重点照明+辅助照明的方式，这种灯光设计形式要求取消多余的装饰灯光

（a）地柜踢脚挡板照明　　　　　　　　（b）局部重点照明

图2-31　灯光设计凸显整体橱柜设计特色

2）善用色彩

根据不同年龄层喜爱的色彩，分区展示整体橱柜，且空间内墙面、地面、电器、厨房设施、橱柜的色彩均能自成一体，在视觉上给人一种和谐感。

3）分主题、分风格展示

分主题、分风格展示整体橱柜的作用很明显：可以凸显品牌的形象特征，丰富整体橱柜的外在形象，直接表现设计内容，营造独特的展示氛围，便于客户根据室内风格选择合适的整体橱柜。

> **小贴士**
>
> **整体橱柜展厅设计**
>
> 整体橱柜展厅应充分结合橱柜的市场定位与设计风格设计，以小主题来补充大主题，且每一个分区要有自己的主题特色，并能与展厅的整体风格相协调。

2.4　上门测量与简图绘制

2.4.1　测量工具

通常可选用卷尺、角尺等，配合测距仪等进行整体橱柜的上门测量工作。

1）卷尺

卷尺广泛适用于测量室内各种尺寸，上门测量尺寸时要保证卷尺的平直性。卷尺上的数字通常分为两行，一行的单位为厘米（cm），一行的单位为英寸（in），1 cm ≈ 0.393 7 in，1 in ≈ 2.54 cm。一般使用厘米作测量单位（图2-32）。

2）角尺

角尺可用于确认墙体或柜体构造是否垂直，适用于测量整体橱柜的内部尺寸（图2-33）。

3）测距仪

手持式测距仪通常为长形圆筒结构，由物镜、目镜、显示装置、电池等组成，主要用于测量长度、距离以及高度，还可与测角设备或模块搭配使用，用于测量角度、面积等参数。上门测量时可使用测距仪测量出厨房的长度、宽度值，这对于整体橱柜的设计很有帮助（图2-34）。

图 2-32　卷尺

图 2-33　角尺

图 2-34　测距仪

测量拍摄

为了确保设计与测量的精准性，上门测量尺寸时建议拍照留存，主要拍摄内容包括：厨房内部情况，细节尺寸，管道、烟道的位置及其他建筑结构。

2.4.2　测量注意事项

（1）安装整体橱柜位置的长度应测量两次，第一次从左至右测量，第二次从右至左测量，以保证尺寸的准确性。

（2）复测尺寸时应当重点测量煤气表、管道等相关设备的离地尺寸，以及排水主管的离墙距离。

（3）如果在靠近窗户的一边做吊柜，测量尺寸时要控制好吊柜与窗边的距离，以免雨水滴溅影响吊柜的使用。

（4）上门测量尺寸时还需注意，要仔细查看地面是否有台阶及其高度为多少，墙面是否有凹凸及其具体尺寸又是多少。

（5）注意预留冰箱的尺寸，如果冰箱计划放置在整体橱柜内，则柜体的深度与宽度要大于冰箱的相应尺寸，并需预留出插座的空间，以便后期使用。

2.4.3 现场简图绘制

整体橱柜简图绘制要求设计师具备较强的速记能力，简图速记的核心方法在于"眼""手""心"三者同时在线，眼睛看尺寸，心默记尺寸，手不停歇地记录，三者协调，才能快速完成整体橱柜的测量工作。

在测量整体橱柜的具体尺寸时，设计师要能够做到测过不忘，并需及时将测量尺寸记录在册，书写方式应简单、易懂（图2-35）。

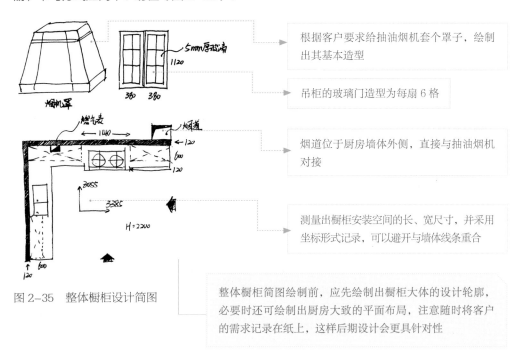

根据客户要求给抽油烟机套个罩子，绘制出其基本造型

吊柜的玻璃门造型为每扇6格

烟道位于厨房墙体外侧，直接与抽油烟机对接

测量出橱柜安装空间的长、宽尺寸，并采用坐标形式记录，可以避开与墙体线条重合

图2-35　整体橱柜设计简图

整体橱柜简图绘制前，应先绘制出橱柜大体的设计轮廓，必要时还可绘制出厨房大致的平面布局，注意随时将客户的需求记录在纸上，这样后期设计会更具针对性

2.5　整体橱柜专用设计软件

2.5.1　常用软件介绍

为了顺应市场的发展，整体橱柜企业开始研究适合企业发展的设计软件。除了企业自主研发的橱柜设计软件，目前比较常用的设计软件有 AutoCAD、Kithen Draw 橱柜设计软件、圆方橱柜销售设计软件（图2-36）、酷家乐橱柜设计软件、云熙板式定制家具拆

单软件等。其中 Kithen Draw 橱柜设计软件功能强大，操作简单。圆方橱柜销售设计软件功能同样十分强大，且效果图具有较强的真实性，但部分效果图的色彩会出现失真的情况。酷家乐橱柜设计软件操作便捷，素材丰富，能够快速获取整体橱柜设计方案。云熙板式定制家具拆单软件需要分步操作，所设计的整体橱柜样式比较丰富，且个性化特征比较强。

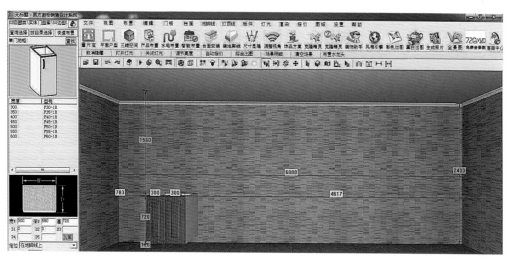

图 2-36　圆方橱柜销售设计软件操作界面

2.5.2　整体橱柜设计实例

　　下面以云熙板式定制家具拆单软件为例，讲解整体橱柜设计的具体过程。该软件包括生产软件与设计软件，适用于 Win10、64 位以上的操作系统，计算机的分辨率应设置为 1 920×1 080，这样软件界面会更清晰，操作也会更便捷。具体步骤如下：

　　（1）新建柜体，根据设计图纸选择合适的柜体类型，确定侧板与顶底板的接合形式，以及背板的安装结构形式，设置宽度为 800、深度为 500、高度为 680、板件厚度为 18、背板厚度为 5（图 2-37）。

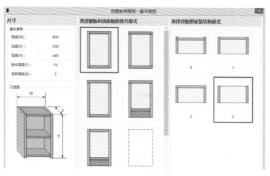

（a）设置数据

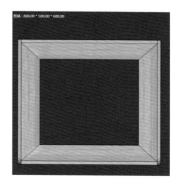

（b）新建柜体完成

图 2-37　步骤（1）：新建柜体

（2）选中删除顶板，点击"自定义"，为第一个柜体添加顶拉条，并选择合适的布局样式；添加背板，并选择合适的接合样式（图2-38）。

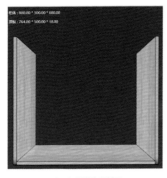

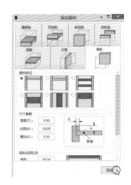

（a）删除顶板 　　　　　（b）添加顶拉条 　　　　　（c）添加背板

图2-38　步骤（2）：删除顶板与添加背板

（3）选中背板，在参数修改界面将板件上延值改为80，并应用（图2-39）。

图2-39　步骤（3）：更改背板数据

（4）点击"门"，设置门的开合形式为双开门，整体位置改为外盖，上边遮掩样式改为自定义，然后删除上边遮掩板件，将上边遮掩数值改为60，点击"隐藏门"（图2-40）。

（5）选择柜体中间搁板，点击"板件属性"，将连接（活动层板）样式由三合一固定改为活动层板，并应用（图2-41）。

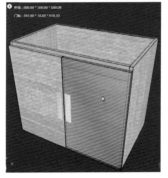

（a）设置柜门数据 　　　　　（b）添加柜门完成

图2-40　步骤（4）：设置柜门 　　　　　图2-41　步骤（5）：更改板件属

（6）选中右侧板，在"布局"面板下，选择"复制柜体""粘贴柜体"，从而获取一个完全相同的柜体。选择第二个柜体的右侧板，选择"复制柜体""粘贴柜体"，获取第三个柜体。删除第三个柜体的门板与中间搁板（图2-42）。

（7）点击"抽屉"，为第三个柜体选择外盖式普通抽屉，设置上边间隙值为60、下边间隙值为16、左边间隙值为16、右边间隙值为16、抽屉间距为1.5、抽屉数量为2，勾选"高度自适应"，并将抽屉侧/后板高度设为180，点击"添加"（图2-43）。

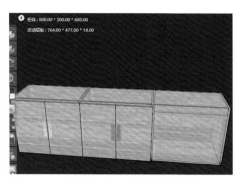

图2-42　步骤（6）：复制粘贴柜体

图2-43　步骤（7）：添加抽屉

（8）选中第三个柜体的右侧板，在"布局"面板下，点击"添加新柜体"，根据设计图纸选择合适的柜体类型，并确定侧板与顶底板的接合形式，以及背板的安装结构形式，并将宽度设置为1 350（图2-44）。

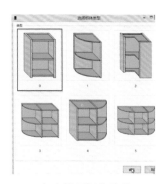

（a）设置柜体类型

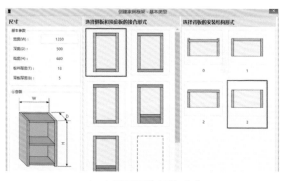

（b）设置柜体板件形式

图2-44　步骤（8）：设置柜体

（9）删除第四个柜体的上顶板，选中其底板，将其柜体角度改为-90°，并应用；柜体Y值改为-500，并应用；再将柜体Y值改为500，并应用（图2-45）。

（10）选中第四个柜体的底板，点击"自定义"，添加顶拉条，并选择合适的布局样式；添加背板，选择合适的背板接合样式，选中右侧板，将上延值改为80，并应用（图2-46）。

（11）拖动第四个柜体的中立板，锁定左移空间方向，将宽度改为514，并应用；选中中立板，将偏移值改为18，并应用；选中中立板，将柜体X值改为2 420，并应用；添加前挡板，并选择合适的接合样式（图2-47）。

图 2-45 步骤（9）：更改柜体数值

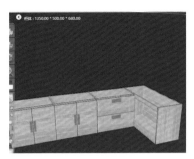

图 2-46 步骤（10）：添加顶拉条、背板

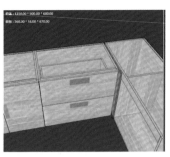

图 2-47 步骤（11）：添加中立板、前挡板

（12）选择紧贴第三个柜体的第四个柜子的侧板，将板件上延值改为 -10，并应用；点击"门"，选择双开门，设置右边遮掩样式为内嵌式；选择中立板，将偏移值改为 0，将后延值改为 -397，并应用；删除靠近外侧的门板，点击"门"，选择双开门，设置右边遮掩样式为全盖式、左边遮掩样式为内嵌式（图 2-48）。

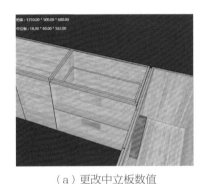

（a）更改中立板数值

（b）设置柜门样式

图 2-48 步骤（12）：修改柜门

（13）选择第一个柜体的底板，在"布局"面板下，点击"添加新柜体"，根据设计图纸选择合适的柜体类型，并确定侧板与顶底板的接合形式，以及背板的安装结构形式，将深度设置为 300（图 2-49）。

（14）同时选中第一个柜体与第五个柜体的侧板，在"布局"面板下，选中"背部对齐"（图 2-50）。

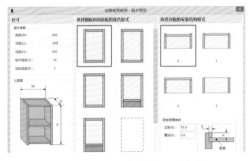

图 2-49 步骤（13）：添加第五个柜体

图 2-50 步骤（14）：柜体背部对齐

（15）选择第五个柜体的左侧板，将柜体 Z 值改为 1 500，并应用；选择第五个柜体的背板，点击"加层板"，添加层板；选择第五个柜体的右侧板，在"布局"面板下，点击"复制柜体""粘贴柜体"，获得第六个柜体，重复上述动作获得第七个柜体（图 2-51）。

（16）选中第七个柜体的背板，点击"门"，为第七个柜体选择上开门，设置门板整体位置为外盖，并将上层门板的下边遮掩样式改为半盖式，其他不变；将下层门板的上边遮掩样式改为半盖式、下边遮掩样式改为全盖式，其他不变（图 2-52）。

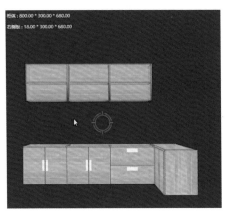

图 2-51　步骤（15）：复制柜体

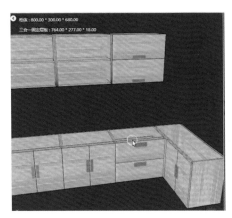

图 2-52　步骤（16）：为第七个柜体添加门

（17）选中第五个柜体的背板，点击"门"，为第五个柜体选择上开门，将下层门板的上边遮掩样式改为半盖式；将上层门板的上边遮掩样式改为全盖式、下边遮掩样式改为半盖式，门板整体位置为内嵌（图 2-53）。

（18）删除第六个柜体的搁板，点击"门"，为其添加双开门，设置门板整体位置为外盖，上边、下边、左边、右边遮掩样式均为全盖式；点击"隐藏门"，为第六个柜体添加层板；再点击"显示门"，至此，整体橱柜制作完成（图 2-54）。

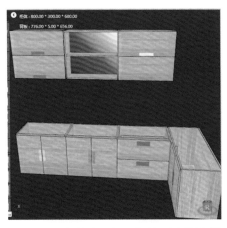

图 2-53　步骤（17）：为第五个柜体添加门

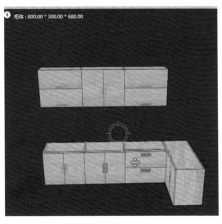

图 2-54　步骤（18）：橱柜制作完成

2.6 绘制方案图

2.6.1 方案设计

在绘制整体橱柜方案图之前，应明确以下几点：

（1）如果要设计切角柜或浅柜，应保证柜体侧板的净尺寸不小于60 mm，还应预留铰链安装的空间。

（2）如果选用的是欧式抽油烟机，则不建议设置吊柜与搁板；如果选用的是中式抽油烟机，则可设置吊柜，建议选用上翻门，使用会更方便，门板高度下延值多大于50 mm，柜体底板则建议选用前后挡条。

（3）设计时尽量避免采用异型柜。如果要在厨房内放置洗碗机，则需考虑清楚进出水与插座的安装位置，洗碗机通常安装在地柜中。

2.6.2 基础方案图绘制

优质整体橱柜设计方案图不仅能够快速被客户认可，同时也能有效降低后期施工出错的概率。

1）绘制前的准备

在绘制整体橱柜设计方案图之前，必须了解清楚客户的身高和使用习惯等，对厨房排烟管的走向，门、窗的情况，煤气表的位置等都应做全面了解，这也是绘制正确图纸的前提条件之一。

2）方案图绘制

首先，在AutoCAD中建立绘图模板，设置好页面尺寸数据。

其次，结合测量尺寸，在AutoCAD中按步骤绘制厨房墙体、门洞、窗户、烟道等。

然后，依次确定炉灶、水槽、冰箱、电器、配件等物品的具体位置，从图库中选择尺寸合适的模型，将其放入图纸中，并确定好抽屉、门柜等物品的平面布局。

最后，结合细节尺寸与拍摄照片，对图纸进行精准化修改，并分别标注文字说明与具体尺寸（图2-55、图2-56）。

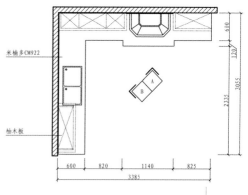

图2-55 整体橱柜方案平面设计图

平面设计图中要表现出橱柜的摆放位置与橱柜形态的轮廓线，吊柜采用虚线绘制，地柜采用实线绘制，标注尺寸与立面投影符号

效果图要将橱柜的结构关系表现出来，赋予基本材质贴图，尽量具象化、直观化，不必表现出华丽的光影效果，以简洁真实为主要表现方式

图 2-56　整体橱柜空间效果图

2.7　绘制施工图

2.7.1　整体橱柜施工图纸

整体橱柜施工图纸主要包括立面图、三视图、大样图、轴测图、柜体分解图等，这些图纸可以准确地表现整体橱柜的制作工艺。

1）立面图

整体橱柜立面图可以表现整体橱柜在不同方向上的投影效果，绘制要符合投影规律，即长对正、高平齐、宽相等。要表现出地柜与吊柜处于同一水平面时的视觉效果，通过立面图可查看整体橱柜内的抽屉、拉篮、门板、电器的大小与位置是否合适（图 2-57）。

立面图是拆单开料的基础，详细表现出橱柜的局部细节造型，标注尺寸与材料的文字说明应当与平面图对应

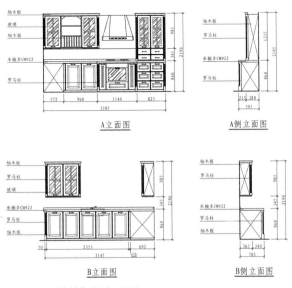

图 2-57　整体橱柜立面图

2）构造详图

整体橱柜详图主要是针对整体橱柜某一特定部位，对其进行放大标注。制作工艺或连接比较复杂的部件需要绘制详图（图2-58）。

整体橱柜轴测图属于单面投影图，能够形象、逼真地将整体橱柜的设计效果展现给客户，这种图纸能弥补正投影图的不足，有助于更好地设计整体橱柜，但绘制比较复杂，多作为辅助图样存在。

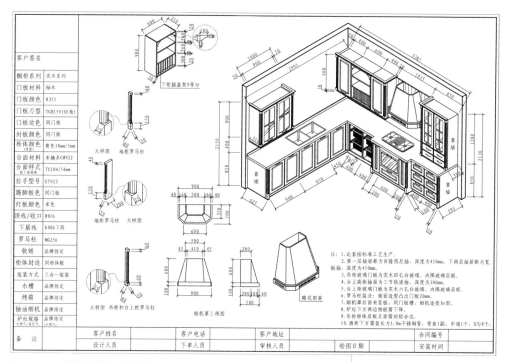

图 2-58　整体橱柜构造详图

> 构造详图主要包括橱柜复杂的局部构造，可以采用轴测图、局部三视图等形式表现，同时编写详细的设计、施工说明，将整体图纸置入图框中，标注多种信息，完整表现加工前的橱柜构造形态

2.7.2　施工图绘制

在绘制整体橱柜施工图时，应明确以下几点：

（1）如果在靠近墙边或门套的位置设置柜体，则柜体侧边要安装假门条，这样也能保证抽屉与上翻门的正常使用。

（2）如果要在整体橱柜中安装内嵌式冰箱与内嵌式微波炉，则设计时要保证柜体的深度不小于580mm，且插座应设计在柜体的后面，柜底与柜体顶板建议开孔，便于散热。

（3）如果要在整体橱柜中安装烤箱，则烤箱的插座高度要大于600 mm，柜体深度不应小于580 mm。

（4）如果要在整体橱柜中安装热水器，无论是被柜体全包还是半包，柜门都建议选用百叶门，这样不仅便于通风，散热也会更好。

（5）柜体各项尺寸标准应符合标准柜的设计原则，只有情况特殊的柜体可使用非标准柜的设计原则，要注意保证尺寸的准确性。

2.8　营销沟通技巧

2.8.1　注重建立信任感

人际交往最为重要的便是信任感，客户信任设计师，沟通时才没有抵触心理。那么，设计师该如何做到让客户信任自己呢？

1）多方面了解客户

通常，设计师与客户多次沟通后，彼此才有可能成为朋友。在沟通过程中，设计师要时刻保持平和的心态，要提前了解客户的喜好、性格等，做到除橱柜设计的话题外，仍旧可以与客户相谈甚欢。

2）尊重客户

每一个客户的时间都很宝贵，应选择合适的时间拜访客户。在沟通过程中，要以简短的语言说明你的目的，要以热情、亲切的态度对待客户。

3）信守承诺

在沟通过程中承诺给客户的优惠一定要落实到位，要做好收尾工作，这样才有二次合作的机会，客户与设计师之间的信任感也会更强（图2-59）。

> 设计师可选择在舒适的环境中与客户沟通，舒适、惬意的环境能够使人放松心情，沟通效果会更好

（a）设计沟通

（b）现场沟通

图2-59　设计师与客户沟通

2.8.2 掌握沟通技巧

1）巧妙提问

适当地提问是明确客户需求的重要手段。在沟通过程中，设计师要尽量向客户传达较多的产品信息，要将客户带入预想的谈话流程中，引发对方的思考，提高沟通效率。

2）读懂信号

在沟通过程中，设计师要能读懂客户所传递的信号，主要包括表情信号、语言信号、行为信号、眼神信号等，这样才能更好地把控全场，达到更好的沟通效果（图2-60）。

（1）表情信号：指客户在与设计师的沟通过程中，通过面部表情传递给设计师的成交信号，多为喜悦、专注等表情。

（2）语言信号：指客户在与设计师的沟通过程中，通过语言传递给设计师的成交信号。

（3）行为信号：指客户在与设计师的沟通过程中，通过行为传递给设计师的成交信号，这些行为多会受到情绪、思想的影响。

（4）眼神信号：指客户在与设计师的沟通过程中，通过眼神传递给设计师的成交信号。

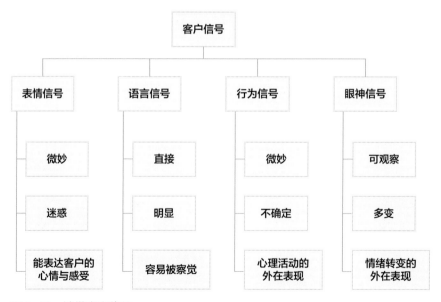

图2-60　读懂客户信号

第 3 章

现代厨房收纳设计

重点概念： 收纳量、收纳要点、操作流程、人体工程学、家具设计尺寸、收纳位置分配

章节导读： 厨房空间有限，为了使用方便，也为了营造一个舒适、洁净的烹饪环境，做好厨房收纳刻不容缓。本章将通过分析厨房的收纳量、收纳要点、操作流程、橱柜设计尺寸、橱柜收纳位置分配等，讲解如何在有限的厨房内，有效利用各种空间进行收纳设计（图3-1）。

图 3-1　整齐洁净的橱柜
橱柜收纳要想达到整齐洁净的效果，需要严格划分收纳空间，将不同功能的物件规划到不同区域内。厨房操作流程要符合客户使用习惯

3.1 厨房收纳物品的分类

下面以炊具收纳及食材收纳为例，介绍厨房物品收纳的分类（表3-1、表3-2）。

表3-1 炊具收纳

类型	图示	设计要求
锅具		普通家庭常用锅平均为6口，除了一两口常置于炉灶上，橱柜应考虑至少4口锅的收纳量，其占用的空间约为 0.2 m³
餐具		普通家庭常用餐具数量约为30件，加上茶杯、酒杯、玻璃杯等酒具水具，占用空间约为 0.3 m³
辅助器具		小工具、刀具、饭盒、餐巾纸、洗涤用品、垃圾袋、保鲜膜、抹布、围裙等，占用空间约为 0.1 m³

表3-2 食材收纳

类型	图示	设计要求
需要冰箱存储的易坏食材	 新鲜肉类 　蔬菜  水果 　奶类饮品	新鲜肉类、蔬菜、水果、奶类饮品等需要放在冰箱低温储存，如果橱柜需留出冰箱的位置，则单开门冰箱预留空间宽度不应小于 700 mm，双开门冰箱预留空间宽度不应小于 1 100 mm

类型	图示	设计要求
可常温保存的不易坏食材	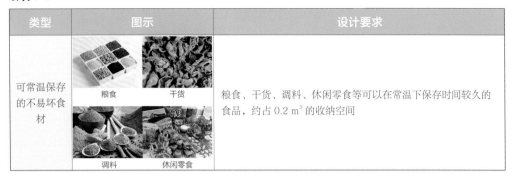 粮食　　干货　　调料　　休闲零食	粮食、干货、调料、休闲零食等可以在常温下保存时间较久的食品，约占 0.2 m³ 的收纳空间

3.2 厨房收纳要点与操作流程

收纳是科学地管理物品，设计重点在于如何在有限的空间内，用最简单的方式来管理物品，并使空间界面处于整洁的状态。良好的收纳设计通常需要结合人体工程学、认知心理学、空间美学等知识。

3.2.1 影响厨房收纳的因素

物品重量、物品使用频率、行动路线等都会对厨房的整体收纳规划产生影响，设计时应结合以上因素综合考虑。

1）物品重量

厨房内的物品有轻有重，在收纳时应遵守"上轻、下重、中常用"的基本原则，要控制好分隔空间的大小。

2）物品使用频率

物品使用频率可分为高、中、低三种。使用频率最高的物品在站立状态下伸手即可拿到；使用频率居中的物品放置在底层或中层，在蹲下或弯腰状态下可随意取放；使用频率最低的物品则放置在高层，需借助工具取放或踮脚取放（图 3-2）。

吊柜上层：放置不常用的物品

吊柜下层：放置较常用、方便取放的物品，比如碗碟

地柜下层：放置不常用、质量较重的物品

中间区域：放置常用、伸手就能拿到的物品，比如常用调料

地柜上层：放置较常用、方便取放的物品，比如常用锅具

图 3-2　厨房收纳

3）行动路线

结合厨房动线与厨房内部功能分区等来进行物品的收纳，这种方式不仅便于取放物品，厨房的整洁度与便捷度也会更高。

3.2.2 厨房收纳要点

1）分层收纳

上层区域：指吊柜的存储空间，深度设计为 300 ~ 350 mm，高度则需根据厨房净高与使用者身高来设计。吊柜上层空间适宜收纳不常用的物品，比如干货、杂粮等；吊柜下层空间则适宜收纳常用的、质量较轻的物品，比如杯具、保鲜盒等（图 3-3）。

中间区域：指操作台面距离吊柜底部的空间，高度为 650 ~ 700 mm。该区域为厨房常用区，多放置刀具、洗涤用品、常用调料、锅铲等物品，亦可利用墙面空间或台面空间来收纳（图 3-4）。

下层区域：指高度在 600 mm 以下的空间，多指地柜，通常地柜的深度要大于550 mm。厨房中常用的餐具、烹饪用具等中小型物品可收纳在地柜上层空间，部分重的、体积较大的、易碎的物品则可收纳于地柜下层空间中（图 3-5）。

图 3-3　吊柜收纳

吊柜可选用分段式下拉拉篮收纳物品，也可设计搁板分隔收纳空间

图 3-4　墙面收纳

墙面收纳可选用圆杆挂件组合、板式挂件组合或金属开放柜，其中圆杆挂件组合经济实惠，板式挂件组合能有效避免杂乱

图 3-5　地柜收纳

地柜可安装抽屉、转角柜或拉篮柜，这不仅便于取放物品，同时也能合理分隔空间，降低物品被损坏的概率

2）分类收纳

（1）锅具收纳要点：

① 锅具收纳：根据锅具形状、大小、使用频率的不同，可将不同规格的锅具储存在不同的位置。使用频率较高的炒锅可直接放置于炉灶上或悬挂在附近的挂杆、挂架上；使用频率较低的锅具可收纳进橱柜中，或将其放置于抽屉、吊柜内及特殊的橱柜转角处。如果厨房橱柜空间不足，还可另外购置合适大小的置物架、墙体搁板等，将锅具置于其上，整体视觉感也会比较好（表 3-3）。

表 3-3　锅具收纳要点

收纳要点	图示说明
利用炉灶或墙面挂杆收纳	 利用金属挂杆或木质挂杆收纳锅铲、汤勺等小物件，整洁不杂乱 常用锅具可擦干直接放置在炉灶上，后期使用也会比较方便
利用多功能 U 形挂架收纳	 不锈钢 U 形挂架可以收纳规格较小、质量适中的锅具，比如平底锅，还可用于收纳锅盖、砧板等物件
利用独立置物架收纳	 独立置物架通常拥有多层结构，有带轮和不带轮的，该置物架可用于收纳常用的厨房电器、锅具等物件
利用墙体搁板收纳	 利用不锈钢搁板或木质搁板收纳中小规格的锅具与其他物件
利用橱柜高抽屉收纳	 橱柜抽屉内可设置多功能置物架来收纳小型锅具。 橱柜高抽屉可用于收纳具有一定高度的高压锅或酒类产品

收纳要点	图示说明
利用水池底部地柜置物架收纳	 水池底部可设置伸缩式置物架，这样能充分利用水池底部空间，但要做好日常的清洁与防水
利用吊柜升降篮收纳	 吊柜有一定的高度，日常取放较小的锅具不太方便，使用升降拉篮可以解决这一问题
利用转角橱柜收纳	 橱柜转角区域应当充分利用起来，使用转角橱柜可收纳使用频率居中的锅具与其他物件

② 辅助用具收纳：洗碗工具、砧板、刀具、锅铲、洗洁精、常用碗筷等物品使用比较频繁，一旦潮湿带水，很容易滋生细菌，收纳时除取放方便外，还应注意通风、防潮（表3-4、表3-5）。

表3-4　辅助用具收纳要点

收纳要点	图示说明
利用多功能五金架与木架收纳	 常用杯子、碗碟等餐具可收纳在沥水架上 刀具可收纳在实木刀架内，使用时要注意防水、防霉 洗洁精、洗碗刷等可收纳在便于沥水的五金架上

续表 3-4

收纳要点	图示说明
利用洞洞板 + 挂钩收纳	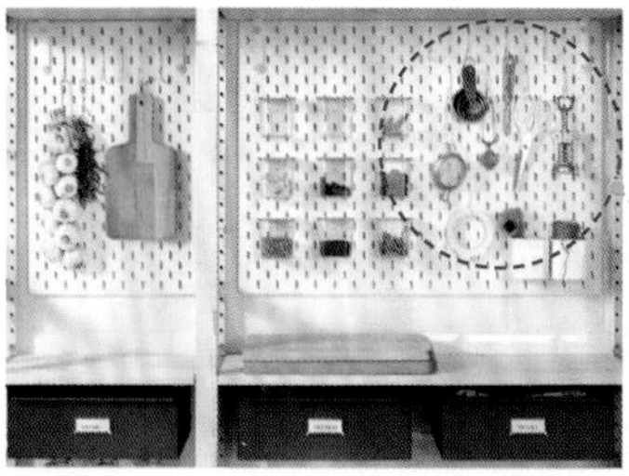 打蛋器、汤勺等小物件可使用洞洞板 + 挂钩收纳，甚至部分规格较小的收纳盒也可挂在洞洞板上
利用侧边柜的多功能拉篮收纳	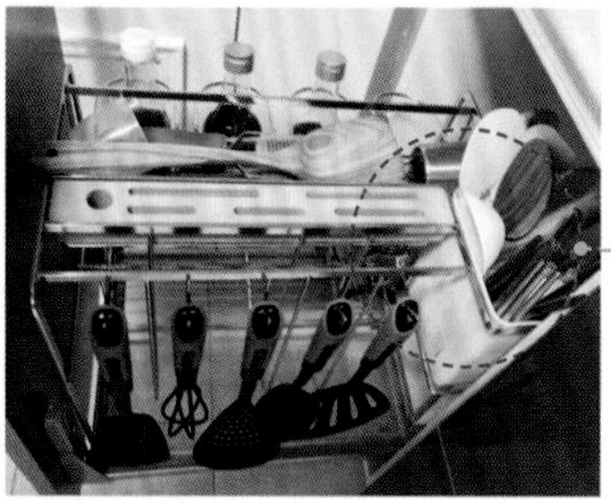 侧边柜设计成拉篮形式，能很好地收纳筷子、锅铲等物件
利用吸盘挂架 + 挂杆收纳	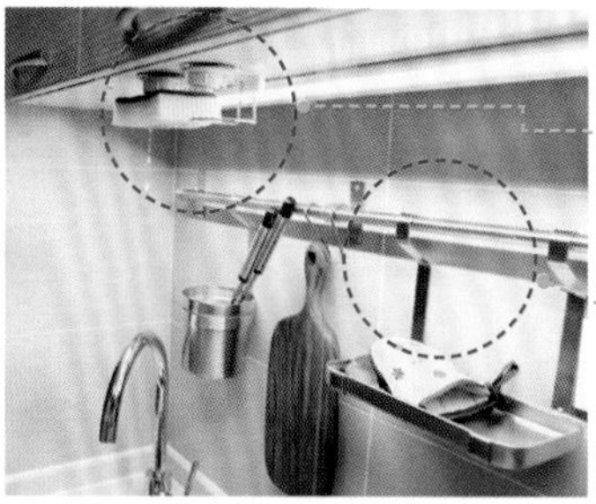 吸盘挂架可充分利用吊柜底部的空间，适合放置洗碗棉这类小物件 多功能挂杆既能放置手套、刷子等物件，也能悬挂小砧板、汤勺、漏勺等物件
利用多功能挂架收纳	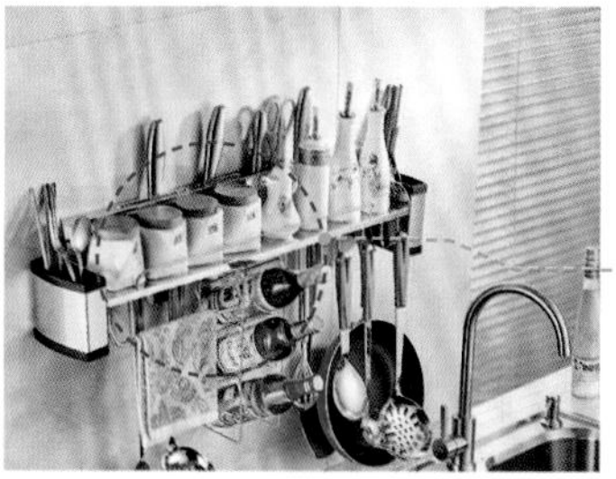 多功能挂架上部可平稳放置杯子、调料瓶等物件，下部挂杆则能悬挂漏勺、汤勺、洗碗巾等物件

表 3-5　厨房常用收纳器物

名称	图示	名称	图示	名称	图示
横杆 + S 钩		悬空置物架		挂篮	

名称	图示	名称	图示	名称	图示
收纳盒		柜门内收纳篮		水槽收纳角	
洞洞板抽屉		磁吸式壁挂架		易拉罐收纳架	
洞洞板	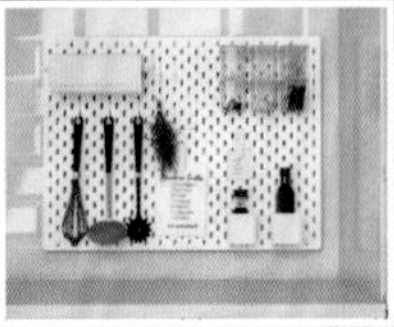	抽屉分格盒		夹缝移动收纳架	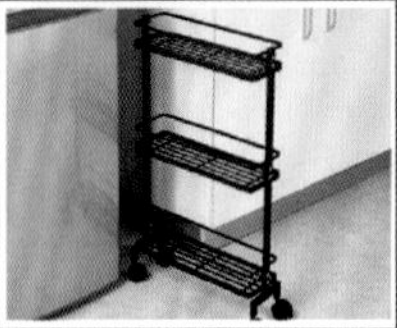

③ 调料收纳：调料应收纳在炉灶附近顺手可取放的位置。例如，可将调料放置于中部柜高度的调料架上，或放在下部柜上层的小抽屉中，便于及时调味（表3-6）。

表3-6　调料收纳要点

收纳要点	图示说明
使用中的调料可利用挂篮与操作台墙角位置收纳	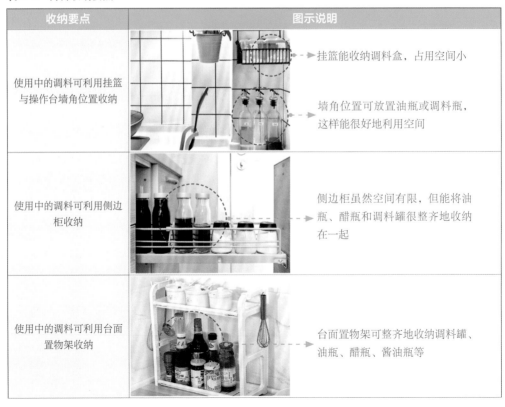 挂篮能收纳调料盒，占用空间小 墙角位置可放置油瓶或调料瓶，这样能很好地利用空间
使用中的调料可利用侧边柜收纳	侧边柜虽然空间有限，但能将油瓶、醋瓶和调料罐很整齐地收纳在一起
使用中的调料可利用台面置物架收纳	台面置物架可整齐地收纳调料罐、油瓶、醋瓶、酱油瓶等

续表3-6

收纳要点	图示说明
备用调料可利用地柜抽屉收纳	 地柜抽屉收纳空间较大，可在抽屉内设置隔板

（2）餐具收纳要点（表3-7）。

① 常用餐具：日常会使用到的碗碟、筷子、勺子、刀叉等，在收纳时应当靠近水池、洗碗机或消毒柜，放置在易于取放的高度，比如地柜部分。

② 不常用餐具：使用频率较低的餐具，可放置在远处柜子或吊柜、高柜的上层。

③ 实用性餐具：纯粹实用与易于杂乱的餐具可采用隐蔽或半隐蔽性的收纳方式。例如，将这些餐具放置于抽屉中，或采用不透明、半透明的柜门封闭柜体。

④ 观赏性餐具：装饰效果较好的餐具应当开架展示，可采用开放的格子或玻璃门的柜子。

表3-7　餐具收纳要点

1. 常用餐具收纳形式	
收纳要点	**图示说明**
利用水池上方的置物搁板收纳	 常用餐具可平稳放置于水池上方的置物搁板上，方便日常取放，水池上方的空间也得到了有效利用
利用地柜内的拉篮收纳	地柜内的不锈钢拉篮可将餐具整齐地归置起来，同时也能起到沥水的作用

1. 常用餐具收纳形式	
收纳要点	图示说明
利用碗架收纳	 碗架的作用与拉篮类似，碗架能置于台面上
利用抽屉分格收纳	 抽屉分格可将餐具进行分类存放

2. 不常用餐具收纳形式	
收纳要点	图示说明
利用吊柜收纳	 不常用的餐具可收纳于吊柜中，吊柜内部可进行设计分隔
利用远处柜子或高柜上层收纳	 远处的柜子或高柜上层均可收纳不常用的餐具，要注意做好柜体的防潮，并考虑柜体搁板的承载质量

续表 3-7

3. 实用性餐具收纳形式	
收纳要点	**图示说明**
利用不透明的木门餐边柜收纳	 不透明的木门餐边柜多置于餐厅或客厅,可放置待客用的餐具,这种柜子实用性与耐用性都比较强
利用半透明的磨砂玻璃收纳格收纳	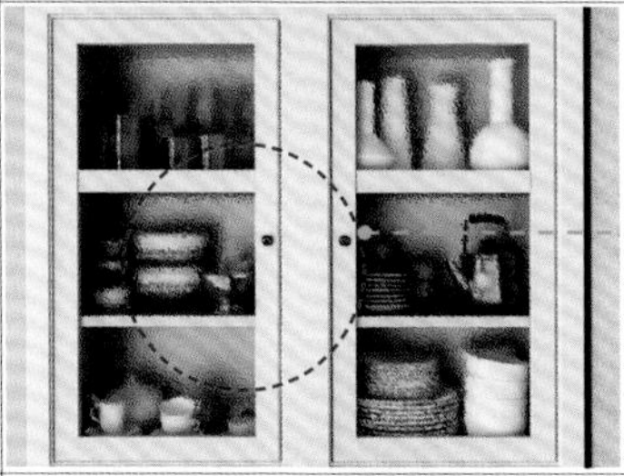 有收纳格的橱柜能分类收纳餐具,半透明磨砂玻璃不会影响使用者分辨柜内的物品
利用封闭式抽屉收纳	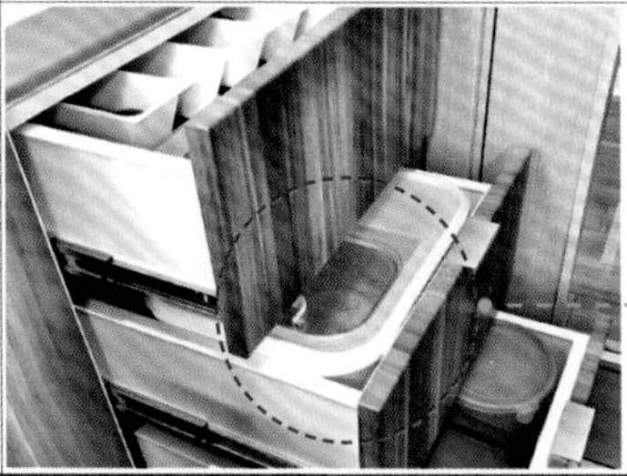 封闭式抽屉所能收纳的餐具有限,收纳时,餐具表面不应有水分

4. 观赏性餐具收纳形式	
收纳要点	**图示说明**
利用开放式格子柜收纳	 开放式格子柜多设置在台面的下方,部分装饰价值较高的餐具可收纳在此处
利用玻璃门餐边柜收纳	 玻璃门餐边柜能保证观赏价值较高的餐具不受灰尘的侵扰,多放置在餐厅或客厅等处

3.2.3 厨房操作流程

厨房操作流程需全程参考厨房的基本动线，主要有烹饪流程、用餐流程、清洁流程（图3-6、图3-7）。

图3-6　烹饪流程示意

厨房潜在动线应当合理，取→洗→切→炒→盛，这是一系列连贯的烹饪动作，不应反复交叉活动，否则会显得十分凌乱

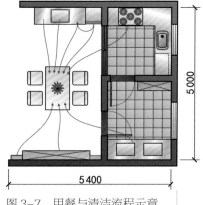

图3-7　用餐与清洁流程示意

每天都用的碗具、盘具、筷子、勺、刀叉等餐具应当就近收纳到餐桌旁的餐边柜或橱柜中，方便就餐时取用

3.3　橱柜组成与尺寸详解

3.3.1　活动范围与橱柜柜门类型

根据人体动作行为特征，可以将柜体划分为上部、中部、下部三个区域（图3-8、表3-8）。

1）上部区域

高度在1750mm以上，不易取放物品，需要站在凳子或梯子上，可以放置轻量或不常用的物品。

2）中部区域

高度在850～1750mm，以人的上肢活动区间为主要范围，存取物品方便，使用频率高，是人的视线最易看到的区域。

3）下部区域

高度在850mm以下，站立时存取不便，必须弯腰或蹲下操作，主要用于存取较重或不常用的物品。

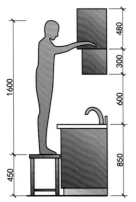

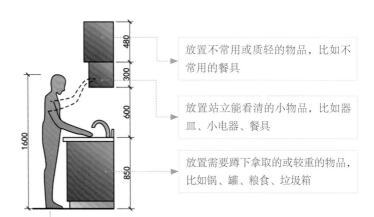

图 3-8　收纳尺寸示意

高度在 1 750 mm 以上，放置不常用或形体较大的物品；高度在 850～1 750 mm，放置使用频率高的物品，比如收纳盒、小电器、调料、餐具等；高度在 850 mm 以下，放置使用频率较高、形体较大或较重的物品，比如垃圾箱、粮食等

表 3-8　橱柜柜门类型

柜门开启形式	图示	高 1 750 mm 以上的柜体	高 850～1 750 mm 的柜体	高 850 mm 以下的柜体	适合高度	特点
上开门		×	◎	×	超过头顶的高度	柜门较大，开门操作较为省力
无门		×	○	×	较易拿取的高度	具有展示性，取物方便，易落灰受污染
平开门		◎	◎	◎	所有高度	中部柜门宽度过大会造成开门不便
推拉门		○	○	○	所有高度	滑轨易磨损，柜内物品一半被柜门遮挡
玻璃门		△	◎	×	中部柜高度	具有展示性，但易碎
抽屉		×	×	◎	1 300 mm 以下高度	内侧收纳空间较深，分格灵活，制作成本较高

注：◎表示最合适；○表示合适；△表示尽量避开；×表示不合适。

3.3.2　橱柜收纳基本尺寸

厨房收纳空间尺寸应根据人体尺度、活动范围、设备尺寸确定。橱柜基本由操作台、高柜、吊柜、地柜、转角柜五部分组成。

1）操作台（图 3-9、图 3-10）

（1）位置：位于地柜与吊柜之间。

（2）尺寸：台面深度在 600 mm 左右，能满足大多数水槽与灶具安装，小面积厨房中，台面深度最小为 520 mm。

（3）收纳物品：在视线范围内，最容易拿取，可以放置使用频率最高的物品，比如日常使用的碗、碟、盘等餐具，以及料理机、电热水壶等小型电器。

（4）其他：在墙面增加搁板、挂架等收纳器物，能提升常用物品的收纳量。

图3-9　U形厨房操作台　　　　　图3-10　隐藏式收纳

U形厨房操作台可供两人同时使用，因此中间走道宽度要考虑是否能容纳两人同时活动，且丝毫不会有拥挤感，台面上还可设置置物架，分类收纳厨房物品

此处高柜与操作台紧密连接，操作台的一部分隐藏于高柜中，且为双层设计，可收纳更多物品，同时也不会占据太多的空间，美观性也比较强

2）高柜（图3-11 ~ 图3-13）

（1）位置：高度在1750mm以上，为顶天立地的柜体。

（2）尺寸：尺度较自由，宽度尺寸根据柜体组合而定，当高柜与操作台柜融合为一体时，深度通常与地柜统一为600mm。

（3）收纳物品：在厨房末端或转角处设计高柜，占用一定的台面，可加大柜体的收纳量，柜体中部空间开阔，上面部分可以放置不常用或质轻的物品，中下部分可设计抽屉或用于放置较大电器的分格，比如微波炉、电饭煲、料理机等。

（4）分隔：高柜分隔应考虑实际需要，比如在中部范围内可分隔小格，较高或较低处可分隔大格。

将高柜与操作台组合，充分利用厨房的转角空间，将不太常用的物品都收纳进来，既能节约空间，又能使厨房显得整洁利落

图3-11　高柜与操作台柜体组合

高柜的高度应当配合整面墙体的尺寸,并且完全根据使用者的身高定制柜体,上层放置不常用的小电器,下层收纳常用小电器与其他杂物

高柜的拉篮规格可以分为150～200 mm宽侧拉篮、200～400 mm宽多功能柜体拉篮、600～700 mm宽四边篮、800～900 mm宽三边灶台拉篮

图 3-12　搁板形式高柜

图 3-13　拉篮形式高柜

3)吊柜(图 3-14、图 3-15)

(1)位置:位于操作台上方。

(2)尺寸:地柜深度为 600 mm,吊柜深度以 280～330 mm 为宜,吊柜深度可随着地柜深度的加大而适当增加。吊柜门扇宽度不宜过大,以 400 mm 左右为宜。

(3)收纳物品:吊柜上层处于不易取物的高度,主要放置不常用或质轻的物品,比如备用餐具、干货等;不宜放置易碎、较重、较大的物品,比如电器设备、玻璃容器等;吊柜下层可以放置使用频率较高、较轻的物品,比如调味品、副食品等。

(4)其他:不同高度吊柜的开门形式与尺寸要独立设计。固定吊柜时应在墙面或楼板上钻孔,钉入膨胀螺栓,采用螺钉与五金连接件将吊柜固定在墙面上。

图 3-14　吊柜上层升降篮

图 3-15　局部安装吊柜

吊柜内较高的区域通常使用率非常低,这是一种浪费。安装升降篮可以充分利用吊柜空间,避免了登高取物的危险,尤其适合老人、孩子使用

日常使用的小电器与调料可以存放在吊柜下层,方便拿取

4）地柜（图 3-16）

（1）位置：位于操作台下方。

（2）尺寸：由操作台的高、宽度决定，台面深度一般为 600 mm 左右，根据需要可加深至 750 mm。柜体分格受到炉灶、水池、厨房内径、加工模数的影响，最常见的地柜抽屉、柜门分隔为 400 mm（抽屉或单开柜门）与 800 mm（双开柜门），以及 650 mm（抽屉）与 950 mm（大抽屉）。

（3）收纳物品：可收纳较大、较重、易碎、使用频率较高的物品，比如锅、餐具、干质粮食、洗洁精、桶、盆等。

（4）其他：通常深度为 700 mm 的柜体与深度为 600 mm 的柜体相比，如果收纳量相当，可选择深度为 600 mm 的柜体；特殊电器比如洗碗机、消毒柜等有特殊要求的设备，可根据实际情况调整尺寸。

> 灶台下的地柜可设置小型拉篮，用以收纳常用的调料瓶、油瓶等物件。抽屉则左右分格，用以收纳刀叉、碗碟等物件，可不对称分格

图 3-16　地柜收纳

5）转角柜（图 3-17 ~ 图 3-19）

（1）位置：L 形、U 形厨房转角处。

（2）尺寸：进深尺寸与同高度地柜、吊柜相同。

（3）收纳物品：转角处具有较大进深空间，可以放置较大容器与锅具。

（4）其他：转角部分开关柜门比较烦琐，且转角深处的物品不便拿取，可以利用角部旋转储物架，或采用对开柜门使转角柜体的开口增大，以方便拿取物品。

> 左右开均可，橱柜采用加强型轨道，增强了拉篮整体的承重性能，多层设计能有效提升转角空间的利用率，收纳能力更强，前提是该柜内部无包管、无管道

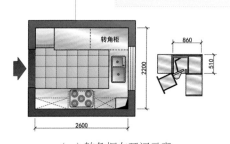

（a）转角柜左开门示意　　　　　　（b）收纳展示

图 3-17　抽屉拉篮式转角柜

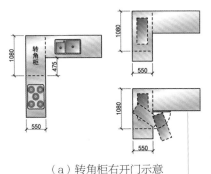

（a）转角柜右门示意　　　　（b）收纳展示

图 3-18　飞碟拉篮式转角柜

左右开均可，充分利用转角空间，搭配双层设计、高度可调等特点，能独立拉出，取放物品不受橱柜限制。此外，在开启、关闭过程中，不会让厨具相互碰撞或倾倒，能有效保护厨具安全

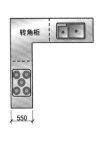
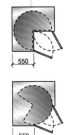

（a）转角柜双开门示意　　　　（b）收纳展示

图 3-19　270°旋转篮式转角柜

双开门比较方便，打开门板后侧篮体可平滑移出，方便存取物品，拉篮可上下调节高度，适应不同高度的物品收纳，提高空间利用率

3.3.3　橱柜立面尺寸示例

橱柜立面尺寸要根据人体高度确定，大多数整体橱柜也有尺寸定量模式，要注意处理好橱柜尺寸与人体行为动作之间的关系，避免发生碰撞（图3-20～图3-22）。

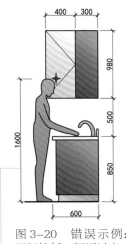

图 3-20　错误示例：
吊柜较低、柜门过宽

图 3-21　错误示例：
吊柜较深

图 3-22　正确示例：
分级设计

吊柜高度较低时，易造成碰头或视线遮挡

上部吊柜深度过大时，容易造成碰头

吊柜与地柜可以分级设计，保证头部与脚部都有合适的活动空间

3.4 橱柜收纳位置分配详解

3.4.1 常见灶具尺寸

橱柜上灶具的尺寸与橱柜设计尺寸紧密相关，应预先购置灶具，根据灶具尺寸在橱柜台面开孔，确保灶具安装正常合理（表3-9）。

表3-9 常见灶具尺寸（单位：mm）

开孔尺寸	外形尺寸	开孔尺寸	外形尺寸
680×350	748×405×150	708×388	760×460×95
674×355	740×430×140	635×350	720×400×100
645×340	710×400×170	635×350	720×400×130

3.4.2 橱柜收纳位置分配细节

橱柜结构丰富，能用于收纳的空间非常多，在整体橱柜设计中要预先分配好橱柜的收纳空间，根据高低位置来收纳物品（图3-23～图3-28）。

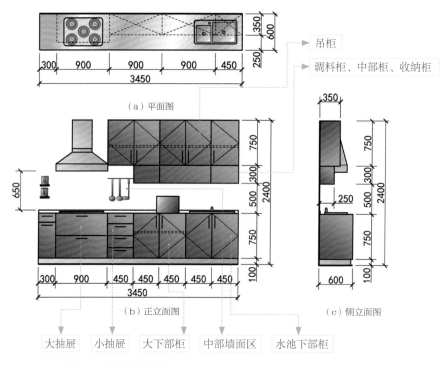

图3-23 橱柜各部位收纳设计示意

调料柜可设计为侧边抽屉柜，抽屉上层可放置小型调料罐，中下层可收纳较高的油瓶、酱瓶等

中部柜为搁板形式，可用于收纳常用的碗碟、杯子、调料等物件，在视野可见范围内取放方便

中部柜内设置有沥水架，可收纳洗净的碗碟、杯子等物品，不仅取用方便，收纳空间也较大

（a）调料柜收纳实例 　　　（b）中部柜收纳实例1 　　　（c）中部柜收纳实例2

图3-24　调料柜、中部柜收纳

抽屉可设置定向分格，也可设置灵活分格，这种收纳方式更具便捷性与整洁性

中部墙面区可借助挂杆收纳，收纳后的整体视觉效果较好，但收纳容量有限

中部墙面区可安装小型墙面置物架，用以收纳部分常用的重量适中的物品，比如杯子、勺子等

（a）小抽屉分格实例 　　　（b）中部墙面区收纳实例1 　　　（c）中部墙面区收纳实例2

图3-25　小抽屉、中部墙面区收纳

炉灶下面的抽屉可合理分格，以收纳不同规格、不同功能的锅具，注意控制好抽屉的高度

宽度或进深较大的抽屉可设计多个分格，用于收纳刀叉、筷子、浅口盘等高度较低的物品

吊柜可分层收纳不同物品，上层收纳不易破碎、不常用的物品，下层收纳较常用的物品

（a）炉灶下抽屉分格实例 　　　（b）大抽屉分格实例 　　　（c）吊柜收纳实例

图3-26　大抽屉、吊柜收纳

（a）水池下部柜收纳实例1

（b）水池下部柜收纳实例2

图3-27　水池下部柜收纳

水池下部柜较高时，可设计为抽屉＋柜子组合的形式，上部外翻式抽屉可放置备用的海绵刷、抹布等清洁用品

水池下部柜底铺上防潮垫，能防止排水管渗水发霉，抽拉式可移动垃圾箱在洗碗时能起到很大作用。同时放置不同规格的塑料收纳盒，防水效果会更好

（a）大型下部柜收纳实例1

（b）大型下部柜收纳实例2

（c）大型下部柜收纳实例3

选择窄高型米桶箱，将空余出来的空间储藏瓶装饮用水、啤酒等饮料

采用可伸缩搁板将柜体分为上下两层，采用收纳盒进行分类收纳，每次拿取时就不会凌乱了

在高度上按2：3比例分层，上层放置较矮的锅具，下层放置收纳盒，盒内可放置锅盖、平底锅等，这样柜内就不会显得杂乱了

（d）大型下部柜收纳实例4

图3-28　大型下部柜收纳

若将下部柜空间分层后仍然有较大高度，则可以将长时间不用的锅具放置在这里

第 4 章

预算、报价与签约

重点概念： 初步预算、成本核算、报价、合同签订

章节导读： 设计师通过识读图纸，并了解市场价格，能快速估算出整体橱柜价格。在与客户交流过程中，设计师还需厘清材料成本、人工成本、管理成本等要素，并进行成本核算，以便获取精准的报价，这也是保证企业获取利润的必要条件之一。本章将讲解整体橱柜的初步预算、成本核算、报价、合同签订等内容，使读者深入了解整体橱柜的情况（图4-1）。

图 4-1　整体橱柜
整体橱柜报价应在客户的经济承受能力范围之内，报价之前应当询问客户是否有中意的板材品牌，或可根据客户预算向客户推荐板材种类

4.1 整体橱柜初步预算

4.1.1 了解客户需求

在编制整体橱柜预算之前，应当充分了解客户信息，包括客户的姓名、年龄、职业、爱好、性格、工作时间、家庭情况等，并简要地记录下来，所设计的产品才能更好地满足客户的需求（表4-1）。

表4-1 客户信息表

一、客户信息					
客户姓名		客户年龄		联系电话	
家庭成员		客户职业		个人喜好	
工作时间		住址			
二、厨房信息					
厨房面积		采光情况		通风情况	
精装房	是（ ）否（ ）	使用人数		风格倾向	
对橱柜的要求					
整体橱柜预算					
三、沟通情况					
沟通记录	1. 2. 3. ……				
备注					

4.1.2 编制初步预算

编制整体橱柜的预算，必须清楚整体橱柜的计算规则，同时还需了解橱柜制作材料、五金件的市场价格，整体橱柜的设计尺寸也必须反复核实。

1）影响定价的因素

影响整体橱柜价格的因素主要有以下几种：

（1）板材材质：整体橱柜所选用的板材种类十分丰富，比如实木板材、人造板板材等，板材的特性、加工性能与加工难度的不同会导致整体橱柜的最终价格也有所不同。例如同等大小、造型相同的整体橱柜，实木板材要比人造板材贵（图4-2、图4-3、表4-2）。

图 4-2　人造板整体橱柜

图 4-3　实木整体橱柜

表 4-2　不同材质的整体橱柜价格对比

板材	图示	优点	缺点	价格区间（元 /m）
实木板		高档，环保，典雅，不易变形	价格较高	4 000～5 000
PVC 板		防水，防潮，色彩纹理丰富	易变形，易划伤，耐高温性差	2 000～3 000
防火板		耐磨，耐高温，防火性能较好	不防潮，使用不当容易脱胶	1 000～1 500
三聚氰胺板		耐摩擦，耐高温，防热酸、热碱，且抗冲击力强	装饰效果一般，封边易崩边	1 500～2 000
油漆板		牢固性与附着力都较好	容易脱落	1 800～2 500
不锈钢板		耐火，不开裂，硬度高，易清洁，不褪色	视觉效果一般，价格较高	3 000～4 000
有机玻璃板		高档，易清洗，耐用性较好	韧性一般，抗张裂性能一般	2 000～3 000
纤维板		强度高，易加工，抗冲击性能较好	防水性、防潮性比较差	1 000～1 500

续表 4-2

板材	图示	优点	缺点	价格区间（元/m）
刨花板		抗弯强度较高	受潮后容易变形	1 000 ~ 1 500

（2）品牌：整体橱柜的品牌定位不同，所提供的服务与综合价值也会有所不同，受此影响，整体橱柜的价格也会有所变化。

（3）制作工艺：整体橱柜的造型、外观、色泽等因素会影响最终定价，通常造型美观、色泽亮丽、制作工艺精致的整体橱柜人工价格会更高，因而整体橱柜的最终价格也会相应地有所增加。

（4）五金配件：五金配件的品牌、外观、质地、材质等都会影响整体橱柜的最终定价。

2）整体橱柜计算方法

（1）延米计算法：整体橱柜的价格可按照延米来计算，通常 1 m 橱柜包括吊柜、地柜、台面等功能区。具体计算方式如下：

1 延米 = 1 m 地柜 + 0.5 m 吊柜 + 1 m 台面。

吊柜延米数 × 吊柜单价 + 地柜延米数 × 地柜单价 + 台面延米数 × 台面单价 + 附加费用 = 整体橱柜总报价。

附加费用包括铰链、抽屉滑轨、拉篮、水龙头、水槽、拉手等配件的费用。

（2）整体法：指一套整体橱柜的价格。

（3）柜体计价法：即按照国际通用的标准尺寸计算整体橱柜的尺寸。具体计算方式如下：地柜单价 × 地柜件数 + 吊柜单价 × 吊柜件数 = 整体橱柜总报价。

4.2 成本核算

成本核算的正确与否，不仅会影响整体橱柜生产中心的成本预算、计划、分析、考核与改进等控制工作，同时也会对整体橱柜生产中心的成本决策与经营决策产生影响。

成本核算的过程，既是对整体橱柜生产经营过程中各种耗费如实反映的过程，也是实施成本管理时进行成本信息反馈的过程。由此可见，成本核算对整体橱柜成本计划的实施、成本水平的控制与目标成本的实现等都具有至关重要的作用（图 4-4、图 4-5）。

图 4-4　成本核算原则

```
                      设计整体橱柜图纸初稿
                      根据图纸编制用料清单
                      根据图纸打样，并校正用料清单
  标准成本操作方法      打样组核实各部件材料价格和制作工价
                      审核整体橱柜标准成本
                      设定出厂价
                      全程记录打样过程
```

图 4-5　整体橱柜标准成本操作方法

4.2.1　材料成本核算

整体橱柜的材料成本 = 板材成本 + 五金件成本 + 包装成本 + 涂料成本。

整体橱柜的最终成本便是以上几项成本的总和。

1）板材成本

制作整体橱柜需要消耗一定量的板材，不同板材价格不同，且板材成本还需考虑板材的备料、毛料尺寸的利用率等因素。

板材的单价应按照出具的增值税票的价格加运费计算，通常按照惯例，特殊板材的利用率按 80%～85% 计算，木皮饰面类板材按照 70% 计算。

2）五金件成本

五金件成本应按照整体橱柜制作的实际需要，以 1：1 的比例来计算，通常五金件的材质、色泽、品牌、美观度、实用性等都会对最终的成本核算产生影响（图4-6）。

拉手因材质和样式的不同，价格也会有所不同，整体橱柜的拉手应与其他五金件的风格统一

（a）铜制电镀复古拉手　　　　（b）铝合金简约拉手

图 4-6　不同样式的整体橱柜拉手

3）包装成本

整体橱柜的包装成本同五金件成本一样，都需按照产品实际需要，以 1：1 的比例来计算。

4）涂料成本

随着板材的不断更新，现在的整体橱柜已经很少使用饰面涂料。若个别板材需要喷涂涂料，其成本可按照喷涂面积与涂料的单价来计算，喷涂面积根据实际情况而定。

4.2.2　人工成本核算

整体橱柜的人工成本通常应按照材料成本总额的 15% 计算，进行人工成本核算时建议逐一列项，以免有遗漏（图 4-7）。

图 4-7　人工成本

4.2.3　管理成本核算

管理成本指的是整体橱柜在生产过程中产生的一系列管理费用，包括材料管理费、场地管理费、机器设备管理费等，这些费用通常应按照材料成本与人工成本总额的 15% 计算。

为了更好地进行管理成本核算，整体橱柜生产企业应建立更为完善的成本报表，并逐渐完善成本管理机构，以便更好地提高整体橱柜的成材率，减少材料损耗。

4.3　**报价单**

本节以面积为 10 m^2 的厨房为例来具体讲解整体橱柜报价单的相关内容。

4.3.1　核实图纸尺寸

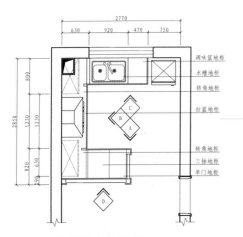

整体橱柜的设计图纸是编制其报价单的重要参考资料，从设计图纸中能够得到整体橱柜制作的工程量，注意要反复核实尺寸（图 4-8 ～图 4-10）。

> 整体橱柜平面布置图是整体橱柜设计的基本参考资料，整体橱柜应当根据厨房的形式、面积等综合设计。在计算整体橱柜成本时需参考设计图纸，计算出整体橱柜的大致延米数，并得出初步预算

图 4-8　整体橱柜平面布置

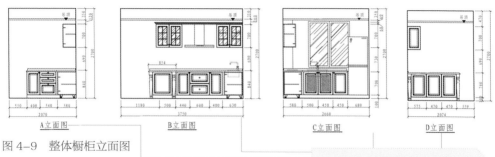

图4-9　整体橱柜立面图

橱柜立面图是橱柜预算编制与生产加工的主要依据，需要表现出丰富的构造细节，标注详细尺寸

橱柜效果图模拟出真实的空间场景，表现了橱柜的空间构成关系与材质，是预算报价的重要参考

（a）整体橱柜效果　　　　　（b）灶台与抽油烟机　　　　（c）网格柜门

图4-10　整体橱柜效果图

4.3.2　整体橱柜报价单实例

　　整体橱柜报价是设计师依据消费者的订单要求进行的有针对性的综合报价。下面分别以模压板整体橱柜与实木板整体橱柜为例讲解报价单的具体内容（表4-3、表4-4）。

表4-3　模压板整体橱柜报价示例

客户姓名			客户地址		电话		
公司名称			公司地址				
设计师			电话				
一、基本配置							
名称	品牌	规格（mm）	用料明细	数量	单位	单价（元）	分类总价（元）
非标上柜	×××	400×700	模压板	1.6	m	1 152	1 843
下柜	×××	660×580	模压板	4.39	m	1 663	7 301
吧台地柜	×××	760×700	模压板	0.84	m	1 995	1 676
台面	×××	600	石英石	6.17	m	1 360	8 391
合计（元）							19 211
二、功能件配置							
名称	品牌	规格（mm）	用料明细	数量	单位	单价（元）	分类总价（元）
抽屉滑轨	×××	标配	豪华阻尼抽	3	对	600	1 800
扶杆	×××	标配		1	件	90	90

续表 4-3

二、功能件配置							
名称	品牌	规格（mm）	用料明细	数量	单位	单价（元）	分类总价（元）
调味篮	×××	450 柜	线型带阻尼	1	件	530	530
拉碗篮	×××	600 柜	线型带阻尼	1	件	750	750
装饰板			同门板	2.38	m²	850	2 023
烟机罩				1	件	2 800	2 800
台盆工艺			台下盆	1	件	260	260
煤气包管		700×400	石英石	1	组	350	350
吧台支脚				3	件	450	1 350
顶线				3.2	m	220	704
网格门				2	扇	400	800
异地加工费				1	项	1 000	1 000
玻璃门				4	扇	480	1 920
合计（元）							14 377
总价（元）							33 588

表 4-4　实木板整体橱柜报价示例

客户姓名		客户地址		电话			
公司名称		公司地址					
设计师		电话					
一、基本配置							
名称	品牌	规格（mm）	用料明细	数量	单位	单价（元）	分类总价（元）
非标上柜	×××	400×700	实木板	1.6	m	2 836	4 538
下柜	×××	660×580	实木板	4.39	m	3 124	13 714
吧台地柜	×××	760×700	实木板	0.84	m	3 749	3 148
台面	×××	600	石英石	6.17	m	1 360	8 391
合计（元）							29 791
二、功能件配置							
名称	品牌	规格（mm）	用料明细	数量	单位	单价（元）	分类总价（元）
抽屉滑轨	×××	标配	豪华阻尼抽	3	对	600	1 800
扶杆	×××	标配		1	件	90	90
调味篮	×××	450 柜	线型带阻尼	1	件	530	530
拉碗篮	×××	600 柜	线型带阻尼	1	件	750	750
装饰板			同门板	2.38	m²	1 750	4 165
烟机罩				1	件	3 500	3 500
台盆工艺			台下盆	1	件	260	260
煤气包管		700×400	石英石	1	组	350	350
吧台支脚				3	件	450	1 350
网格门				2	扇	500	1 000
封顶板			实木贴皮	0.384	m²	1 350	518.4
异地加工费				1	项	1 000	1 000
玻璃门				4	扇	480	1920
合计（元）							17 233.4
总价（元）							47 023.4

4.4 签订合同

签订合同既是整体橱柜设计的重要环节，同时也是对甲乙双方权益的保障。

4.4.1 合同参考范本

整体橱柜订购合同

甲方（订购方）：

乙方（经销商）：

今甲方＿＿＿＿＿＿＿购买乙方＿＿＿＿＿＿＿＿＿＿＿＿＿＿整体橱柜一套，为确保甲乙双方的合法权益，并根据《中华人民共和国民法典》的有关规定，经双方协商一致达成协议如下：

第一条　定金交付

乙方设计人员上门测量尺寸前，甲方需付定金＿＿＿＿＿＿元，此款可抵充货款。

第二条　所购材料基本情况

见附件：整体橱柜主体材料及配件清单。

第三条　质量标准

整体橱柜质量应符合《民用建筑工程室内环境污染控制标准》GB 50325—2020的相关规定。

第四条　设计

1. 乙方在测量尺寸后＿天内提供设计图，若需出具效果图的，由双方协商。甲方完成厨房基础工程（天花板、墙地砖、水电气布置）后，通知乙方复测并修改图纸。经甲乙双方签字确认的图纸为最后的设计图。

2. 图纸确认后不得随意更改。若有一方需对已确定的设计图纸进行较大修改，则必须征得另一方的同意，并经双方签字确认，按照实际情况增减费用，安装时间相应顺延。

第五条　付款方式

甲乙双方签字确认后，可选择下列第＿＿＿＿＿种方式付款：

1. 甲方于＿年＿月＿日付清全部货款，计人民币＿＿＿＿＿＿＿元，最后依据尺寸（见附件：材料结算清单）据实结算。

2. 甲方于＿年＿月＿日向乙方支付预付款的＿＿＿%，计人民币＿＿＿＿＿＿元；待乙方送货上门，甲方验收货物后，再向乙方支付货款的＿＿＿%，计人民币＿＿＿＿＿＿元；最后安装完工后，甲方按照双方签字确认的设计图进行验收，验收合格后，即付清货款的＿＿＿%尾款，计人民币＿＿＿＿＿＿元（依据尺寸据实结算，见附件：材料结算清单）。

3. 其他方式：＿＿＿＿＿＿＿＿＿＿＿＿＿＿＿＿＿＿＿＿＿＿＿＿＿＿。

第六条　交货时间

甲方应于＿年＿月＿日前交货，甲方送货安装必须提前＿天通知乙方。

第七条　送货、安装及质量保证

1. 乙方承担＿＿＿＿＿＿＿＿＿＿＿（地区）的运输费用、搬运费用，但甲方所属物业管理部门收费由甲方承担。乙方保证所提供的产品质量一年内包修，终身维护（收取材料费）。

2. 选择安装方式：甲方自装□　乙方自装□；选择乙方安装的，安装时应遵守《××市家庭居室装饰工程质量验收标准》《××市高级建筑装饰工程质量验收标准》的相关规定，安装费用由乙方承担，甲方应为乙方提供必要的安装条件。

第八条　工程验收

对于整体橱柜的规格、颜色等与约定不符或有其他表面瑕疵的，甲方应在交货时当场提出异议，异议一经核实，乙方应无条件换货或补足；选择乙方安装的，双方应在安装完毕后＿＿＿＿＿日内共同验收安装质量，经验收未达到约定安装标准的，乙方应无条件返工。

第九条　双方责任：

1. 甲方责任：

（1）甲方应该自行规范完成厨房基础工程，即天花、墙地砖、水电气布置工程。

（2）乙方提交设计图后，不予退还定金。

（3）甲方付款后，乙方开始生产，若甲方提出退货要求，则已支付的货款不退还，这部分货款将作为原材料的损耗金额。

（4）甲方逾期付款，每延期一天，应按照货款总额的＿％承担违约金。

2. 乙方责任：

（1）甲方支付定金后，乙方没有在约定时间内提供设计图，则乙方应向甲方双倍退还定金。

（2）乙方应严格根据双方确定的设计图进行加工制造，若因乙方原因导致成品与合同约定不符的，责任由乙方承担。

承担方式：＿＿＿＿＿＿＿＿＿＿＿＿＿＿＿＿＿＿＿＿＿＿＿＿＿。

（3）乙方延迟交货的，每延期一天，应按货款总值的＿％向甲方支付逾期交货的违约金＿＿＿＿元；延迟交货超过＿＿＿＿日，甲方有权解除合同，乙方已经收取的预付款或价款应全额返还。

（4）对于整体橱柜的质量问题，国家有三包规定的，应按照三包规定执行；国家无三包规定的，在保修期限＿年内，乙方负责免费修理，但经专业检测机构检测不符合国家强制性标准或合同约定质量标准的，乙方应无条件退货、换货，或赔偿甲方由此受到的损失。

第十条　违约责任

甲乙双方若确因不可抗力的原因，不能履行或需延期履行本合同的，应及时通知对方，并说明不能履行或需延期履行的原因。

第十一条　争议解决

本合同在执行中若发生争议，甲乙双方应协商解决，协商不成时，可按下列第

_____种方式解决：

1. 提交_____仲裁委员会仲裁。

2. 依法向人民法院起诉。

第十二条　合同的变更与终止

1. 合同经双方签字生效后，甲乙双方必须严格遵守。任何一方需变更合同的内容，应经双方协商一致后重新签订补充协议，补充协议同样具有法律效应。若需终止合同，提出终止合同的一方要以书面形式提出，应按合同总价款的 10% 交付违约金，并办理终止合同手续。

2. 施工过程中任何一方提出终止合同，须向另一方以书面形式提出，经双方同意后办理清算手续，订立终止合同协议后，可视为本合同解除，双方不再履行合同约定，不再享有权利义务。

第十三条　合同生效

1. 本合同与合同附件需双方盖章、签字后生效。

2. 补充合同与本合同具有同等的法律效力。

3. 本合同（包括合同附件、补充合同）一式__份，甲乙双方各执__份，副本__份。

甲方（订购方）：　　　（签章）　　　乙方（经销商）：　　　（签章）

住所地址：　　　　　　　　　　　　　企业地址：

邮政编码：　　　　　　　　　　　　　邮政编码：

工作单位：　　　　　　　　　　　　　法人代表：

委托代理人：　　　　　　　　　　　　委托代理人：

电　话：　　　　　　　　　　　　　　电　　话：

签约地址：　　　　　　　　　　　　　签约日期：

附件：

4.4.2　合同签订注意事项

（1）合同上应注明整体橱柜门板的型号、色彩、纹理等信息。

（2）合同上应注明台面材质、颜色、挡边类型、下挂高度等信息，并注明所选用水槽的具体规格与材质等信息。

（3）合同上应注明特殊要求，若需设计复杂的切角柜，则需提供相应的尺寸，这与后期核实工程量有着直接的关系。

（4）合同上应注明五金件及电器等的品牌、颜色、型号、数量、规格等信息。

（5）合同上应注明灶具的气源，厨房内部管道信息与煤气表位置也要在附件中注明。

（6）整体橱柜是否选用玻璃门、玻璃门选用木框还是铝框，这些信息均建议在附件中注明。

本节以 U 形厨房和 L 形厨房为例来讲解整体橱柜报价单的相关内容。

4.5.1 U 形厨房整体橱柜报价

1）设计图纸

设计图纸中要表明橱柜的真实造型，详细标注尺寸，附带效果图可更直观地展现橱柜的风格、色彩等特征（图 4-11、图 4-12）。

详细标注设计图中的尺寸，方便在报价中计算细节构造，同时标注主要材料与构造名称

图 4-11　U 形厨房整体橱柜设计图

（a）整体橱柜效果图

效果图要表现橱柜的色彩与材质，将空间造型清晰地反映出来。橱柜中抽屉与门板的位置关系、装饰线条等需要在三维效果图软件中细致地建模，同时，效果图要求采光明亮，并接近真实的生活状态

（b）灶台与抽油烟机　　　（c）水槽

图 4-12　U 形厨房整体橱柜效果图

2）U形厨房现代风格整体橱柜报价

报价表的门类信息要齐全，价格累计计算要反复核对，避免出现错误（表4-5）。

表4-5　U形厨房现代风格整体橱柜报价示例

客户姓名			客户地址		电话		
公司名称			公司地址				
设计师			电话				
一、基本配置							
名称	品牌	规格（mm）	用料明细	数量	单位	单价（元）	分类总价（元）
非标上柜	×××	400×700	凹凸门型烤漆板	1.04	m	1313	1 365
下柜	×××	660×580	凹凸门型烤漆板	4.37	m	1530	6 686
台面	×××	600	石英石	4.42	m	816	3 606
合计（元）							11 657
二、功能件配置							
名称	品牌	规格（mm）	用料明细	数量	单位	单价（元）	分类总价（元）
抽屉滑轨	×××	标配	豪华阻尼抽	2	对	600	1 200
扶杆	×××	标配	铝合金	2	件	90	180
调味篮	×××	350柜	线型带阻尼	1	件	500	500
拉碗篮	×××	700柜	线型带阻尼	1	件	800	800
装饰板			同门板	0.66	m²	1 260	831
台盆工艺			台下盆	1	件	260	260
煤气包管		700×400	石英石	1	组	350	350
顶线				1.59	m	220	349
异地加工费				1	项	1 000	1 000
合计（元）							5 470
总价（元）							17 127

4.5.2　L形厨房整体橱柜报价

1）设计图纸

在面积较小的厨房内设计整体橱柜，功能要齐备，即便储物空间较小，仍然要清晰反映橱柜的构造（图4-13、图4-14）。

平面布置图

> 设计图虽然结构简单，但是同样也要注重细节，比如隐藏式柜门拉手，橱柜剖面要反映出内部搁板构造等

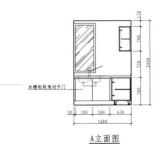

A立面图

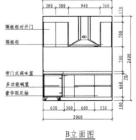

B立面图

图4-13　L形厨房整体橱柜设计图

深色橱柜会略显沉闷，在配色时要注重材质对比与明度对比。材质对比是指选用反光较强的材质覆盖在柜门表面。明度对比是指选用浅色瓷砖与不锈钢材质抽油烟机，让浅色厨房环境与深色柜门形成对比

（a）整体橱柜效果图

（b）灶台与抽油烟机

（c）水槽

图4-14　L形厨房整体橱柜效果图

2）L形厨房现代风格整体橱柜报价

报价表的门类信息要与图纸对应，避免出现漏项或多项的现象（表4-6）。

表4-6　L形厨房现代风格整体橱柜报价示例

客户姓名			客户地址		电话		
公司名称			公司地址				
设计师			电话				
一、基本配置							
名称	品牌	规格（mm）	用料明细	数量	单位	单价（元）	分类总价（元）
上柜	×××	700×350	烤漆板	1.08	m	930	1 004
下柜	×××	660×580	烤漆板	3.16	m	1188	3 754
台面	×××	600	石英石	3.26	m	570	1 858
合计（元）							6 616
二、功能件配置							
名称	品牌	规格（mm）	用料明细	数量	单位	单价（元）	分类总价（元）
抽屉滑轨	×××	标配	豪华阻尼抽	2	对	600	1 200
扶杆	×××	标配	铝合金	2	件	90	180
调味篮	×××	300柜	线型带阻尼	1	件	500	500
拉碗篮	×××	600柜	线型带阻尼	1	件	780	780
装饰板			烤漆	0.49	m²	1 200	588
台盆工艺			台下盆	1	件	260	260
煤气包管		700×400	石英石	1	组	350	350
异地加工费				1	项	1 000	1 000
合计（元）							4 858
总价（元）							11 474

4.6 整体橱柜报价实例二

本节以岛台式厨房为例来讲解整体橱柜报价单的相关内容（图4-15）。

岛台式厨房适用于面积较大的空间，多为开放式或半开放式格局，可供两人或两人以上同时操作

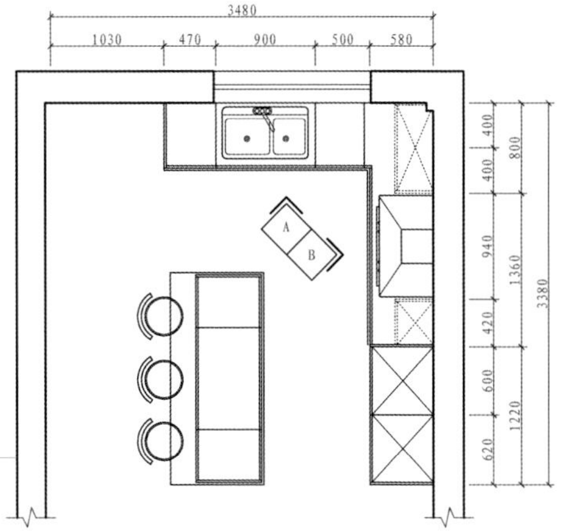

图 4-15　岛台式厨房平面布置图（周志奕）

4.6.1　岛台式厨房现代风格整体橱柜报价

1）设计图纸

现代风格造型简约，橱柜追求功能化设计，门板与抽屉的位置分配均衡，可满足多种储藏需求（图4-16、图4-17）。

将冰箱嵌入橱柜中，冰箱外部门板与橱柜门板用料一致，这是整体橱柜的特色之一。设计图要将嵌入的设备清晰表现出来，将设备之间的位置关系处理好

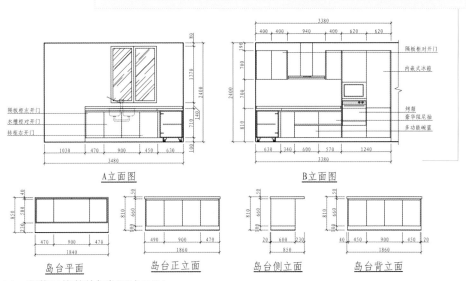

图 4-16　现代风格整体橱柜平立面图

（a）整体橱柜效果图　　　　　　（b）岛台台面　　　　　　（c）灶台与抽油烟机

图 4-17　现代风格整体橱柜效果图

深色橱柜配浅色台面，搭配灰色墙地砖，形成鲜明的黑、白、灰层次，表现出稳定的视觉效果

2）岛台式厨房现代风格整体橱柜报价（烤漆）

烤漆面柜门表面光洁，生产成本较低，因此总价也不高，是目前市场消费的主流（表4-7）。

表 4-7　岛台式厨房现代风格整体橱柜报价示例

客户姓名				客户地址		电话	
公司名称				公司地址			
设计师				电话			
一、基本配置							
名称	品牌	规格（mm）	用料明细	数量	单位	单价（元）	分类总价（元）
上柜	×××	350×700	黑檀烤漆	1.28	m	1134	1 451
下柜	×××	660×580	黑檀烤漆	4.11	m	1470	6 041
高柜	×××		黑檀烤漆	1.2	m	3822	4 586
台面	×××	600	石英石	4.16	m	570	2 371
岛台地柜	×××	660×580	黑檀烤漆	1.84	m	1470	2 704
岛台台面	×××		石英石	3.53	m	570	2 012
合计（元）							19 165
二、功能件配置							
名称	品牌	规格（mm）	用料明细	数量	单位	单价（元）	分类总价（元）
抽屉滑轨	×××	标配	豪华阻尼抽	3	对	600	1 800
扶杆	×××	标配	铝合金	3	件	90	270
调味篮	×××	300 柜	线型带阻尼	1	件	480	480
拉碗篮	×××	600 柜	线型带阻尼	1	件	750	750
岛台装饰板			同门板	2	m²	1 260	2 520
厨房装饰板			同门板	3.32	m²	1 260	4 183
台盆工艺			台下盆	1	件	260	260
煤气包管		700×400	石英石	1	组	350	350
减烤箱门板				0.6	m²	1 050	-630
踢脚板			同门板	1.2	m²	1 050	1 260
异地加工费				1	项	1 000	1 000
合计（元）							12 243
总价（元）							31 408

4.6.2 岛台式厨房实木整体橱柜报价

1）设计图纸

实木橱柜在门板上具有装饰造型，多为复古风格，门板表面有装饰线条，中岛台柜的功能与造型也更加丰富（图4-18、图4-19）。

> 古典造型的实木柜门与装饰构件能强化风格表现，岛台侧面改造为开放柜，适用于陈列各种瓶装酒水饮料

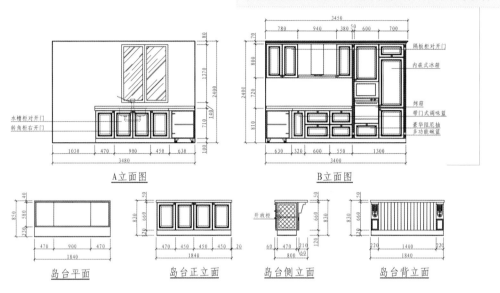

图4-18　实木整体橱柜平立面图

（a）整体橱柜效果图

（b）水槽

> 效果图中的木质构件雕花造型应尽量与实际造型保持一致，但是三维效果图软件与CAM数控软件往往很难统一，在与客户沟通时应说明这一点，避免产生误会

（c）灶台与抽油烟机

（d）岛台酒架

图4-19　实木整体橱柜效果图

2）岛台式厨房实木整体橱柜报价

实木面柜整体成本较高，设计造型细节较多，因此总价也较高，目前主要占据高端市场（表4-8）。

表4-8　岛台式厨房实木整体橱柜报价示例

客户姓名				客户地址		电话		
公司名称				公司地址				
设计师				电话				
一、基本配置								
名称	品牌	规格（mm）	用料明细	数量	单位	单价（元）	分类总价（元）	
非标上柜	×××	350×800	实木	1.16	m	2 836	3 290	
下柜	×××	660×580	实木	4.1	m	3 124	12 808	
高柜	×××		实木	1.2	m	8 122	9 746	
台面	×××	600	石英石	4.15	m	1 360	5 644	
岛台地柜	×××	660×580	实木	0.9	m	3 124	2 811	
岛台台面	×××		石英石	3.46	m	1 360	4 705	
合计（元）							39 004	
二、功能件配置								
名称	品牌	规格（mm）	用料明细	数量	单位	单价（元）	分类总价（元）	
抽屉滑轨	×××	标配	豪华阻尼抽	3	对	600	1 800	
扶杆	×××	标配	铝合金	3	件	90	270	
调味篮	×××	500柜	线型带阻尼	1	件	530	530	
拉碗篮	×××	600柜	线型带阻尼	1	件	750	750	
岛台装饰板			实木门板	0.594	m²	1 750	1 039.5	
厨房装饰板			同门板	3.32	m²	1 260	4 183.2	
出面			实木贴皮	4.6	m²	1 350	6 210	
酒柜	×××		工艺	1	件	3 500	3 500	
开放柜	×××		工艺	1	件	3 200	3 200	
岛台雕花柱	×××		实木	2	件	950	1 900	
罗马柱	×××			4.46	m	250	1 115	
台盆工艺			台下盆	1	件	260	260	
煤气包管		700×400	石英石	1	组	500	500	
封顶板			实木贴皮	0.35	m²	1 350	472.5	
减烤箱门板				0.6	m²	1 750	−1 050	
踢脚板			实木贴皮	1.2	m²	1 350	1 620	
异地加工费				1	项	1 000	1 000	
合计（元）							27 300.2	
总价（元）							66 304.2	

第 5 章

整体橱柜材料与构造

重点概念： 主体构造、配件、柜体材料、门板材料、台面材料

章节导读： 整体橱柜的质量优劣与很多因素有关，材料是最基础的要素，好的材料能赋予整体橱柜更好的性能，同时也能延长其使用寿命。在选择整体橱柜前，了解其柜体材料、门板材料、台面材料、五金配件等非常必要。只有对这些材料、配件的性能、规格等有所了解，后期才能更好地理解材料的制作工艺，这将有助于提高整体橱柜的制作效率（图5-1）。

图 5-1　橱柜台面

橱柜台面的材质比较丰富，台面表面的色泽与纹理等都应当与柜体相搭配

5.1　橱柜主体构造

5.1.1　橱柜主体构成

橱柜主体构成主要包括吊柜、地柜、台面、装饰件等，部分橱柜还设计有高柜与特殊柜。

1）吊柜

吊柜位于台面上方，主要包括顶板、层板、侧板、背板、底板、门铰、吊码等构造（图5-2）。

（a）正面　　　　　　　　（b）背面

图5-2　吊柜构造示意

2）地柜

地柜位于台面下方，比如水槽柜、转角地柜等，其构造主要包括侧板、层板、背板、底板、前后拉档、门铰、柱脚、踢脚板等（图5-3）。

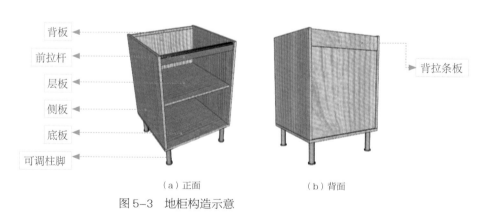

（a）正面　　　　　　　　（b）背面

图5-3　地柜构造示意

3）台面

台面主要包括挡水条、面板、台面前端造型等构造。

4）装饰件

装饰件主要包括层架板、隔板、踢脚板、顶线、灯线、顶板、顶封板等构造。

5）高柜与特殊柜

高柜包括普通高柜与半高柜，多指与台面连接、高度在 1 600 mm 以上的柜体。特殊柜则指造型比较特殊的柜体，主要有斜格酒柜、红酒杯架、斜角围栏柜、碗碟吊柜等。

5.1.2 吊柜尺寸

吊柜尺寸通常以长度 × 宽度（深度）× 高度来表示，单位多为毫米。

1）吊柜长度尺寸

吊柜长度尺寸多以门板的宽度为参考，其中：单开门的宽度为 300 ~ 500 mm，以 50 mm 为模数单位递增；双开门的宽度为 600 ~ 1000 mm，以 100 mm 为模数单位递增；单（双）翻门的宽度为 600 ~ 1000 mm，以 50 mm 为模数单位递增。

2）吊柜深度尺寸

在不含门的情况下，柜体的深度多为 300 ~ 400 mm。

3）吊柜高度尺寸

吊柜高度尺寸主要有 480 mm、600 mm、680 mm、720 mm、800 mm、900 mm 等规格。

5.1.3 地柜尺寸

地柜尺寸通常以长度 × 宽度（深度）× 高度来表示，单位多为毫米。

1）地柜长度尺寸

地柜长度尺寸多以门板的宽度为参考，其中：单开门的宽度为 300 ~ 500 mm，以 50 mm 为模数单位递增；双开门的宽度为 600 ~ 1200 mm，以 100 mm 为模数单位递增；功能柜的宽度为 200 ~ 600 mm，以 50 mm 为模数单位递增。

2）地柜深度尺寸

在不含门的情况下，柜体的深度多为 450 ~ 600 mm。

3）地柜高度尺寸

地柜高度尺寸主要有 650 mm、700 mm、750 mm 等规格。

5.1.4 台面尺寸

台面的具体尺寸与厨房的面积有关，通常宽度在 500 ~ 600 mm 之间，高度大于 650 mm，单块台面长度不大于 2 400 mm，超过部分应分段连接；台面收口厚度则多为 35 ~ 50 mm，后挡水边的高度为 50 ~ 80 mm。

5.1.5 高柜尺寸

高柜尺寸通常以长度 × 宽度（深度）× 高度来表示，单位多为毫米。高柜长度尺寸多以门板的宽度为参考，其中：单开门的宽度为 300 ~ 600 mm，以 50 mm 为模数单位递增；双开门的宽度为 600 ~ 1 200 mm，以 100 mm 为模数单位递增。中高柜多为双开门，深度多为 500 ~ 570 mm。

小贴士

整体橱柜构造名词说明

① 开放柜：指无门板的橱柜。

② 台面：指操作台的台上贴面部分。

③ 顶板：指组成吊柜或高柜柜体顶面的板。

④ 侧板：指组成柜体两侧的板。

⑤ 底板：指组成柜体底面的板。

⑥ 背板：指组成柜体背面的板。

⑦ 层板：指将柜体空间分隔成两部分及以上并起置物作用的板件。

⑧ 挡板：指用于加固与支撑的条板。

⑨ 侧封板：指起装饰与填缝作用的侧立板件。

⑩ 调整板：指用于转角或橱柜空隙处起填补与调整尺寸等作用的板件。

⑪ 踢脚板：指安装在低柜或高柜底部，用于封档调整，并起到一定装饰作用的板件。

⑫ 上线板：指安装在吊柜或高柜顶部前缘的装饰板。

⑬ 下线板：指安装在吊柜底部前缘的装饰板。

⑭ 封顶板：指用于连接橱柜顶部与厨房顶面的板件。

⑮ 吊码：指用于吊挂吊柜的五金件。

5.2 橱柜配件组成

5.2.1 功能配件

功能配件包括水槽、水龙头、灶具、净水器、垃圾处理器、洗碗机、抽油烟机、烤箱、米箱、垃圾箱等，这些功能配件的样式与尺寸应与柜体相符（图 5-4）。

（a）水槽	（b）净水器	（c）米箱	（d）垃圾箱

图 5-4 功能配件

5.2.2　五金配件

整体橱柜制作离不开五金配件，优质的五金配件可大大增强整体橱柜的耐用性。

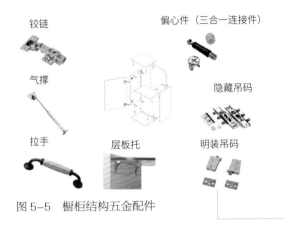

铰链　　偏心件（三合一连接件）

气撑

隐藏吊码

拉手　　层板托　　明装吊码

图5-5　橱柜结构五金配件

整体橱柜的五金配件主要分为结构五金与功能五金。前者指组成柜体所需的五金配件，包括拉手、铰链、偏心件、吊码、层板托、孔位塞、气撑等；后者指能增强整体橱柜便捷性与实用性的五金配件，包括百纳宝、各类拉篮、飞碟、转筒等（图5-5、图5-6）。

> 结构五金配件的规格和样式应与整体橱柜的风格相统一，且各结构五金之间应紧密连接，并能灵活使用

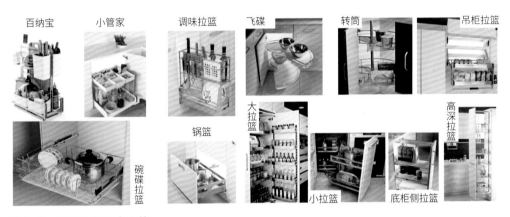

百纳宝　　小管家　　调味拉篮　　飞碟　　转筒　　吊柜拉篮

大拉篮

高深拉篮

碗碟拉篮　　锅篮　　小拉篮　　底柜侧拉篮

图5-6　橱柜功能五金配件

1）铰链

铰链主要由可移动构件或折叠材料构成，是用于连接两个固体并允许两者之间做相对转动的机械装置，通常起到连接柜体与门板的作用。

通常劣质铰链多选用薄铁皮焊制而成，回弹力较差，且长时间使用会失去弹性，从而导致柜门关不严实，甚至开裂；优质铰链则在开启柜门时力道比较柔和，关至15°时会自动回弹，回弹力比较均匀。铰链的类型主要有以下几种：

（1）弹簧铰链：主要有镀锌铁弹簧铰链、锌合金弹簧铰链，这类铰链比较适用于板材厚度为 18～20 mm 的橱柜门中。

（2）玻璃门铰链：这是一种用于连接橱柜柜板与玻璃门，并能使之活动的连接件。

（3）液压铰链：即阻尼铰链，是一种利用高密度油体在密闭容器中定向流动，从而达到缓冲效果的消声缓冲铰链。

（4）异型铰链：即转角铰链，开门角度较大，使用范围比较广泛。

铰链的开合类型主要有：全盖，又名直臂、直弯；半盖，又名曲臂、中弯；内盖，又名大曲、大弯（图5-7）。

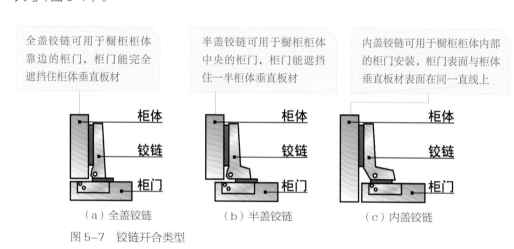

全盖铰链可用于橱柜柜体靠边的柜门，柜门能完全遮挡住柜体垂直板材

半盖铰链可用于橱柜柜体中央的柜门，柜门能遮挡住一半柜体垂直板材

内盖铰链可用于橱柜柜体内部的柜门安装，柜门表面与柜体垂直板材表面在同一直线上

（a）全盖铰链　　　　（b）半盖铰链　　　　（c）内盖铰链

图5-7　铰链开合类型

2）滑轨

滑轨即导轨、滑道，主要固定在柜体上，是用于抽屉或柜板出入活动的五金连接部件。滑轨内部设有轴承结构，这决定了滑轨的承重力（图5-8）。

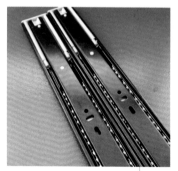

抽屉滑轨主要有小路轨、三节轨、钢抽、成型抽等样式。优质的抽屉滑轨表面色泽均匀，滑动时发出的噪声较小，且轻易不会出现卡顿现象

（a）抽屉滑轨　　　　　　（b）滑轨应用

图5-8　抽屉滑轨

3）拉手

拉手在橱柜中主要用于辅助开合柜门，此外还具备装饰功能，其制作工艺也在不断更新。

常见拉手款式主要有欧式风格、田园风格、复古风格等，可根据橱柜的整体风格来选定拉手的风格。通常优质的拉手表面色泽亮丽，面层维护膜没有破损，且无划痕（表5-1）。

表5-1　常见拉手款式

款式	图示	特点	适用范围
欧式风格		外观精美，造型华丽	可以与欧式风格的整体橱柜搭配，增添奢华感与优雅感
田园风格		质感光滑细腻，时尚感比较强	可以与木质整体橱柜搭配，能给人一种质朴、自然感
复古风格		造型复杂，带有复古气息	可以与多种风格的整体橱柜搭配，较为百搭

4）三合一连接件

三合一连接件是柜体板件的主要连接件，部分特殊的连接件可以实现两板的水平连接与三板交互连接。这种五金配件适用于厚度为 15 ~ 25 mm 的各种木质天然板材与木质人造板材（图5-9）。

三合一连接件由三个连接部件组成，即预埋件、连接杆、偏心轮，图中白色的部分是预埋件，黑色的是连接杆，圆形铁件则是偏心轮。预埋件的材质多以锌合金、塑料、尼龙为主；连接杆又称为螺栓，材质有铁质、锌合金、铁＋塑料三种；偏心轮的材质有锌合金、铝合金等几种。这些材质各有所长，消费者可根据不同需求选择不同的材质

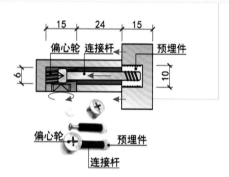

（a）三合一连接件　　　　　　　　　　（b）三合一连接件安装示意图

图 5-9　三合一连接件

5）气动支撑杆

气动支撑杆可用于构件提升、支撑、重力的平衡，同时也可代替精良设备的机械弹簧，主要利用气压杆原理，多起到升降的作用，适用于翻板式上开橱柜门与垂直升降橱柜门（图5-10）。

气动支撑杆主要利用气压杆的气体进行操作，弹性较强的气动支撑杆能使柜子的面板与柜体保持一定的距离，并能为面板提供强有力的支撑

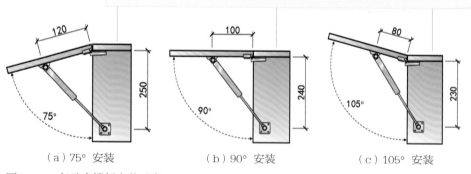

（a）75° 安装　　　　　　（b）90° 安装　　　　　　（c）105° 安装

图 5-10　气动支撑杆安装示意

6）拉篮

整体橱柜所使用的拉篮样式较多，储物空间较大，且抽拉灵活，存取物品也比较方便，能够最大限度地利用橱柜内部空间。

根据材质不同，拉篮可分为不锈钢拉篮、烤漆拉篮、铝合金拉篮、板式拉篮等；根据用途不同，拉篮可分为灶台拉篮、三面拉篮、抽屉拉篮、转角拉篮、高深拉篮、侧边拉篮等。可根据实际需要选择（图5-11）。

拉篮的质量核心在于滑轨的承重，一对优质滑轨承重应大于 30 kg，且能在负重状态下轻松拉开，闭合时应当有吸附力，能将门板锁定在闭合状态下的终止点

（a）不锈钢拉篮　　　　　　　（b）抽屉拉篮　　　　　　　（c）侧边拉篮

图 5-11　拉篮样式

5.3　柜体材料与构造

5.3.1　实木板

实木板由原木制成，这类板材拥有比较自然的纹理，且自带木香，不仅坚固、耐用，色泽也比较亮丽，是比较高档的木质材料。实木板橱柜价格较高，制作工艺较为复杂，板材厚度为 18 mm 或 15 mm 左右（图 5-12、表 5-2）。

实木板具有较好的吸湿性与透气性，且不会对环境造成污染，对人体也不会有不良影响

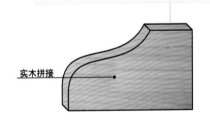

（a）实木板橱柜　　　　　　　（b）实木板结构示意图

图 5-12　实木板

表 5-2　实木板品种一览表

原木品种	图示	特点
红橡木	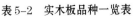	表面纹样比较明显，价格相对比较低，装饰性较好

原木品种	图示	特点
白橡木		坚固性较好，表面纹理更具现代化特征
硬枫木		颗粒比较细，密度比较低，表面可进行染色处理，价格较贵
山核桃木		质量比橡木轻，表面可以被染色，且表面纹理呈山峦状，并带有自然的清香，适合用于乡村风格的整体橱柜中
樱桃木		具有较强的抗撞击性与抗敲击性，表面纹理光滑、细腻，渐变的色泽也能赋予其浓烈的视觉美感
桦木		耐用性比较强，表面色泽较浅，且表面可以被染色，价格比较实惠

5.3.2　防火板

防火板又称为耐火板，具有多变的色彩，表面纹理也十分丰富，主要利用牛皮纸、钛粉纸等原纸，经过酚醛树脂、三聚氰胺浸渍后，在高温、高压环境中制作而成，可广泛用于橱柜、实验室台面等的制作（图 5-13）。

防火板具有较好的保温、隔热性能，不仅加工方便，其耐火性、阻燃性等均十分不错。优质的防火板表面应无任何的鼓泡分层

（a）防火板橱柜

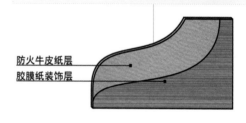

防火牛皮纸层
胶膜纸装饰层

（b）防火板结构示意图

图 5-13　防火板

1）优点

防火板具有良好的吸声性与隔声性，且经久耐用、绿色环保、价格实惠，表面色泽亮丽，耐磨性与耐剐蹭性良好，不仅便于清洁，还不会轻易褪色，防潮、抗渗透性能也都很不错。

2）缺点

防火板无法塑造较强的立体效果，整体时尚感比较差。

 小贴士

三聚氰胺板

三聚氰胺板是指人造装饰板表面的装饰贴纸饰面层，其基材是各种实木板或人造板，将颜色、纹理不同的纸张置入三聚氰胺树脂胶黏剂中，浸泡后待其干燥至一定程度，再将这些纸张铺设到实木板或人造板表面，最后将其热压成板。这种成品板材，无论是实木基层还是人造板基层，都可以称为三聚氰胺板。这类板材具有较好的耐磨性能，耐热性也较好，且表面质感细腻，容易清洗，能有效抵抗一般酸、碱、酒精等溶剂的侵蚀，价格也比较实惠，适用于制作橱柜，但这类板材封边时容易崩边，且通常只能直封边。

5.3.3　不锈钢板

不锈钢板是普通不锈钢板与耐酸钢板的总称，前者是能抵抗大气、蒸汽、水等弱介质腐蚀的钢板；后者则是能抵抗酸、碱、盐等化学侵蚀性介质腐蚀的钢板。

不锈钢板表面光洁，不仅易于清洁，还不容易生锈，板材可塑性、韧性、机械强度、耐腐蚀性等也都很不错（图5-14）。

不锈钢板具有较好的高温抗氧化性能，且硬度较高，抗磨损能力也较强。在使用不锈钢板橱柜时要注意做好日常清洁，以免菜汤长期残留，形成有机酸，腐蚀板材表面

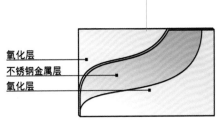

氧化层
不锈钢金属层
氧化层

（a）不锈钢板橱柜　　　　　　　　（b）不锈钢板结构示意图

图5-14　不锈钢板

5.3.4　中密度纤维板

纤维板经过热磨、施胶、铺装、热压成型等工序制作而成，根据密度的不同可分为低密度纤维板、中密度纤维板与高密度纤维板。

中密度纤维板表面饰面多为三聚氰胺纸，也有部分中密度纤维板会使用木皮做表面饰面。经过处理的中密度纤维板不仅具备较好的防潮、防腐性能，也耐高温、耐磨，适用于制作中档橱柜柜体（图5-15）。

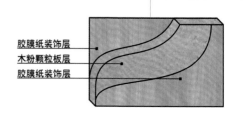

中密度纤维板表面平整，且装饰性比较强，表面可通过涂饰加工或铺贴饰面来获取不同纹理与色彩

胶膜纸装饰层
木粉颗粒板层
胶膜纸装饰层

（a）中密度纤维板橱柜　　　　　　（b）中密度纤维板结构示意图

图5-15　中密度纤维板

1）规格

中密度纤维板常见规格为2 440 mm×1 220 mm，厚度则有3 mm、5 mm、9 mm、12 mm、15 mm、18 mm、25 mm等多种尺寸。

2）特性

中密度纤维板结构密实，透气性、隔热性、保温性等都很不错，材质均匀，抗压力较好，不会轻易变形，且边缘细腻，无毒、无味、无辐射，不会轻易出现崩边、老化现象。

5.3.5　刨花板

刨花板属于人造板材，又名微粒板、蔗渣板、颗粒板等，基本材料为木材或其他纤维素材料的边角料，主要通过将木材或纤维素材料的边角料切碎、筛选后，拌入胶料、防水剂等材料，再在热压作用下胶合而成（图5-16）。

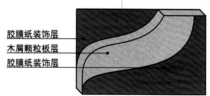

刨花板拥有较好的绝热性、吸声性与隔声性，表面可铺贴各种贴面，因而装饰性较好，但这类板材不易裁切，对制作要求较高，制作需做好封边处理工作

胶膜纸装饰层
木屑颗粒板层
胶膜纸装饰层

（a）刨花板样品　　　　　　　　（b）刨花板结构示意图

图5-16　刨花板

刨花板的内部多呈交叉错落结构，表面平整，常用厚度有13 mm、16 mm、18 mm这三种，该板材目前是制作中档整体橱柜的主流板材。

5.3.6　多层实木板

多层实木板属于胶合板，层板厚度有 3 mm、5 mm、9 mm、12 mm、15 mm、18 mm 六种规格，其中厚度为 9 mm、12 mm 的板材可用于制作柜子背板、隔断、踢脚板等。该板材环保等级已达到 E1 级，目前是制作中高档整体橱柜的常用材料（图 5-17）。

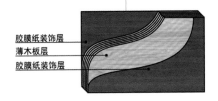

多层实木板是由木段旋切成单板或由木方刨切成薄木，再用胶黏剂黏合而成的多层板状材料，层数通常为奇数

（a）多层实木板样品　　　（b）多层实木板结构示意图

胶膜纸装饰层
薄木板层
胶膜纸装饰层

图 5-17　多层实木板

多层实木板的基材容易把控，主要是利用不含甲醛的胶黏剂黏结各层单板，环保性能比较好。这类板材受力比较均匀，吸湿性与透气性较好，加工方便，且握钉力比较强。用该板材所制作的橱柜耐用性与承重性会比较好，且表面纹理自然，不会轻易出现变形、开裂等状况。

5.3.7　生态板

生态板的基层是细木工板，是一种具有块状实木板芯的胶合板，主要是在两片单板中间胶压拼接木板而成，适用于制作高档整体橱柜（图 5-18）。

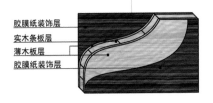

细木工板表面可铺贴装饰贴纸，色彩多变，装饰效果较好。生态板能给人一种实木感，且细木工板的尺寸稳定性优于实木板

（a）生态板样品　　　（b）生态板结构示意图

胶膜纸装饰层
实木条板层
薄木板层
胶膜纸装饰层

图 5-18　生态板

1）规格

生态板厚度有 15 mm、18 mm 两种规格，厚度为 15 mm 的板材可用于制作抽屉、柜内隔断等；厚度为 18 mm 的板材则可用于制作高档整体橱柜的主体结构与门板结构。

2）特性

（1）生态板的含水率在6％～12％之间，作为一般用途时，芯板条的宽度不应大于厚度的3倍；高质量要求的生态板芯板条的宽度则不应大于20 mm。

（2）生态板的规格比较统一，表面可黏结其他材料，质量也比较轻，比较便于后期施工。

（3）生态板的握钉力比较好，稳定性与强度也都很不错，且不易变形，不仅能吸声，还能有效隔热。

（4）生态板相邻的芯板条之间会预留缝隙距离，通常沿长度方向接缝不应小于50 mm，且细木工板的边角缺陷也不宜过大，其宽度不应大于5 mm，长度不应大于20 mm。

（5）生态板应按照板材类别、规格、所选树种的不同分类包装。包装时通常面板朝向内包装，边角处则选用草类织品或其他软质包装物来遮垫。

（6）生态板应干燥存储、干燥运输，在运输过程中要保证运输工具的整洁，要避免生态板因雨淋而受潮；存储时，应将生态板置于干燥、通风且顶部有遮盖的空间中，注意板材要整齐堆放，板材底部应水平放置垫脚，这样也能避免板材受潮。

5.4　门板材料与构造

整体橱柜的门板材料主要有实木门板、烤漆门板、模压门板、晶钢门板、双饰面门板、包覆膜门板、陶瓷岩板等几大类型，不同类型的门板拥有各自的优势。

5.4.1　实木门板

实木门板是选用原木或实木指接材等材料制作而成的门板材料，表面多为樱桃木色、胡桃木色、橡木色等。这种门板材料具有较好的吸声性与隔声性，且不会轻易变形。利用实木门板制作的橱柜门给人比较浓郁的古典感，其天然的纹理与色泽能赋予橱柜比较自然的美感（图5-19）。

实木门板多选用橡木和樱桃木制作，在制作过程中使用的胶水量较少，因而甲醛释放量较低，环保性较好，且实木门板可做立体造型，美观性会更强；缺点是不易清洁，价格相对比较贵

实木板的门芯为中密度板贴实木皮，制作时多会在实木表面做凹凸造型，并会在外表面喷漆，从而保持原木的本色。通常应按照烘干→下料→刨光→开榫→打眼→高速铣型→组装→打磨→涂刷油漆→待干→养护的工序来加工实木门板

胡桃木　　　红橡木　　　樱桃木

（a）实木门板样式

实木薄板或胶膜纸层
实木板或中密度板层
实木薄板或胶膜纸层

（b）实木门板结构示意图

图5-19　实木门板

5.4.2　烤漆门板

　　烤漆门板是目前应用比较广泛的橱柜门板，这种门板材料是以厚度为 18 mm 的中密度纤维板为基材，并在其表面喷涂油漆，再经过烘房加温干燥制作而成的门板材料。

　　烤漆门板的常见规格为 550 mm×300 mm×15 mm ～ 1 200 mm×300 mm×15 mm、1 220 mm×2 440 mm×18 mm 等，厚度则多为 10 ～ 20 mm。这种门板拥有多变的亮丽色彩，漆膜的硬度比较高，表面易清洁，且防水、防潮、绝缘等性能都十分不错（图 5-20）。

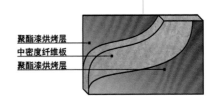

烤漆门板的弯曲性较好，通常应按照开料→修边→倒边→铣型→打磨→喷漆→烘干→打磨→抛光的工序加工，表面应多次打磨

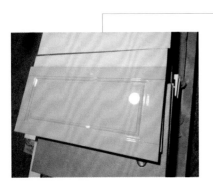

聚酯漆烘烤层
中密度纤维板
聚酯漆烘烤层

　　（a）烤漆橱柜门　　　　　　　　（b）烤漆门板结构示意图

图 5-20　烤漆门板

　　烤漆门板根据表面喷漆情况的不同可分为亮光烤漆门板、亚光烤漆门板、金属烤漆门板等。烤漆门板作为橱柜门板，不仅具有较强的抗污能力，且表面有污渍后也很容易清理。

　　烤漆门板还具有比较强的视觉冲击力，板材表面的光洁度比较好，但耐磨性、耐高温性与耐刮蹭性都一般，且容易出现色差，不仅生产周期比较长，对制作工艺的水平要求也比较高，价格相对也会比较高。

5.4.3　模压门板

　　模压门板是以中密度、高密度纤维板或钢板为基材，并在表面铺贴黑胡桃、水曲柳等实木贴皮，或铺贴 PVC 膜，或不铺贴任何木皮与表皮，在高温、高热、高压环境下压合而成的门板材料。

　　使用模压门板制作的橱柜门板造型多变，时尚、前卫，表面色彩、纹理等都十分丰富，个人特色也比较强。该门板具有较好的美观性、环保性与防水性，且不会轻易出现变形、开裂的情况（图 5-21）。

（a）模压橱柜门

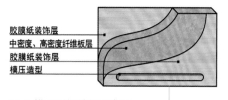

胶膜纸装饰层
中密度、高密度纤维板层
胶膜纸装饰层
模压造型

模压门板的膨胀系数较小，且不会轻易出现氧化变色的情况，但由于模压门板属于空心构造，使用时要避免磕碰或浸水，一旦磕碰严重或浸水，模压门板的使用寿命将会受到严重影响

（b）模压门板结构示意图

图5-21　模压门板

5.4.4　晶钢门板

晶钢门板是新型的门板材料，该门板材料表面比较坚硬，触感光滑，且透光性、隔水性、耐高温性、抗划性等性能均很不错，价格也比较适中，是使用频率较高的橱柜门板材料。

晶钢橱柜门板不会轻易变形，且经久耐用，其面板表面可根据需要铺贴各种纹理、色泽的贴膜。晶钢门板的贴膜能赋予橱柜面板高光亮、耐磨、防水、防霉变、美观等特性，且这种贴膜加工方便，色彩与纹理也十分丰富，比如木纹、闪点、素色、石纹、印花等纹理，可很好地与不同风格的整体橱柜相匹配（图5-22）。

晶钢门板的骨架主要为铝合金，面板则多为厚4 mm的钢化玻璃，玻璃表面经PVC覆膜工艺处理，框架为0.7 mm厚高强度铝合金型材配以ABS工程塑料

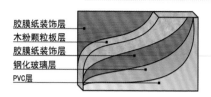

胶膜纸装饰层
木粉颗粒板层
胶膜纸装饰层
钢化玻璃层
PVC层

（a）晶钢橱柜门　　　　　　（b）晶钢门板结构示意图

图5-22　晶钢门板

5.4.5　其他门板材料

1）双饰面门板

双饰面门板的饰面多为木纹色，表面平整，不会轻易变形，耐高温、耐酸碱、耐剔蹭等性能较好，且清洁方便，环保性也较高，适用于制作橱柜门板（图5-23）。

2）包覆膜门板

包覆膜门板的制作工艺与模压门板类似，因而功能与其较为相似，但不同的是，这种门板两面是一样的覆膜，美观性较模压门板好（图5-24）。

3）陶瓷岩板门板

陶瓷岩板绿色环保，可塑性较强，且耐高温、耐剐蹭、耐酸碱，是比较好的橱柜门板材料（图5-25）。

图 5-23 双饰面橱柜门

图 5-24 包覆膜橱柜门

图 5-25 陶瓷岩板橱柜门

5.5 台面材料与构造

5.5.1 天然石台面

应用于橱柜台面的天然石材多为花岗石与大理石，前者硬度较高、亮度较好，后者硬度较低、容易渗透，因而目前多选用白色、灰色或暗色系的花岗石做橱柜台面。

花岗石台面的花纹比较均匀，耐酸碱、耐腐蚀、耐高温，但由于花岗石的长度有限，应用于较长的台面时，需进行拼接处理，又由于花岗石弹性不足，且部分花岗石可能含有放射性物质，因此在选用时一定要进行辐射测试（图5-26）。

图 5-26 天然石台面

天然石台面拥有较好的触感，表面纹理自然，美观性较好，但天然石材受到猛烈撞击或遇到温度明显变化时，很容易出现裂纹，因此使用时应格外注意

5.5.2 石英石台面

石英石台面的主要制作材料为碎玻璃与石英砂，它是通过真空加压而成的具有较高硬度的橱柜台面材料。由于石英石台面为无微孔结构，因而吸水率比较低，台面容易清洁，基本上没有渗透的可能。

石英石台面不易划伤，能较好地抵抗高温，台面内部还含有抗菌素，因而可以较好地抵抗细菌，台面的洁净程度也因此有所提高（图5-27）。

图 5-27 石英石台面

石英石台面表面色彩一致，不会轻易出现褪色的现象，且石英石韧性较高，台面不会轻易断裂，但石英石台面造型比较单一，且不能无缝拼接

5.5.3　人造石台面

人造石台面主要包括人造石实体面材台面、人造石岗石台面、人造石石英石台面等，这种台面是利用天然矿石粉、丙烯酸树脂胶、色母等材料，在高温、高压环境下制成的质地均匀的适合厨房使用的橱柜台面材料。

人造石台面表面质感较好，色彩、纹理等也都十分丰富，且造型多变，无毒、无辐射，即使表面有污渍残留，也能很好地清理掉，但必须注意的是，人造石台面的硬度比较低，抗刮划性能较差，且容易变色、老化，耐热性也较差。橱柜台面一般多选择深色系人造石（图5-28）。

5.5.4　不锈钢台面

不锈钢台面多采用亮光板为主体结构材料，板材外则包裹有 1.2 ~ 2 mm 厚的钢板，常用的钢板材为 304 型，这种台面能无缝衔接，并能与不锈钢水槽紧密地焊接在一起，台面的抗菌性与环保性也比较强。

不锈钢台面的综合性能比较好，金属质感比较强，是近几年来比较受欢迎的橱柜台面之一。这种台面表面光洁，耐热性、耐磨性、防水性、抗污性等都较好，且不会轻易开裂，耐用性也比较强，在视觉上能给人一种沉静感（图 5-29）。

图 5-28　人造石台面   图 5-29　不锈钢台面

人造石台面具有较好的耐酸碱性能，抗菌性也较好，在使用时要避免高温物体长久接触人造石台面，且不可将人造石台面直接作为切菜板使用，这会严重影响其耐用性

不锈钢台面坚固耐用，表面容易清洁，总体实用性比较强，但这种台面色彩比较单一，装饰性一般，且很容易被硬物或利器划伤并留下痕迹，使用时要注意

第 6 章

整体橱柜制作工艺

重点概念： 制作设备、柜体制作、门板制作、台面制作、包装运输

章节导读： 整体橱柜的质量与其制作工艺水平有很大关系，优质的制作工艺与生产模式能够保障整体橱柜的完整性与美观性。根据整体橱柜结构组成，可将其制作工艺分为柜体制作、门板制作、台面制作等不同阶段，应当保证每一阶段的制作水平，这对于整体橱柜的品牌营销很有帮助（图6-1）。

图 6-1　橱柜制作
整体橱柜制作要满足稳定性、整齐性等要求，柜体、台面、门板等在制作时，表面应当无明显划痕或凹凸不平

6.1 橱柜制作设备

整体橱柜制作需要用到各种专业设备，专业设备可以有效地提高整体橱柜制作的工作效率。

6.1.1 电子开料锯

电子开料锯属于开料设备，主要包括普通的电子开料锯和数控加工中心开料设备。目前电子开料锯应用最为普遍，相对于数控加工中心开料设备，该设备操作会更流畅、更简单。

1）普通电子开料锯

电子开料锯，又称为电脑裁板锯，这种设备裁切精准度高，损耗低，且锯口平整，适用于裁切各种板材，裁切出来的板材多为矩形。电子开料锯的导轨硬度、形状、锯片磨损情况等因素都会影响橱柜板料的成型质量（图6-2）。

2）数控加工中心开料设备

数控加工中心开料设备是利用铣刀沿着板材边缘铣削，凹槽深度会超过板材的厚度，达到切割板材的目的。这类设备操作方便，且可以加工出曲线形板料（图6-3）。

图6-2 电子开料锯

数控加工中心开料设备能裁切出不同造型的板件，比如圆弧形、多边形等，这种设备便于制作异型橱柜

电子开料锯多采用红外线扫描，当离锯片10 mm之内有异物时，锯片会自动下沉，这种设置能有效防止事故发生，且电子开料锯的伸缩型靠尺在节约工作空间的基础上，还能使长板件锯切更准确

图6-3 数控加工中心开料设备

6.1.2 雕刻机

雕刻机的主要功能是雕刻，适用于各种实木家具、定制家具、家具装饰、乐器、艺术壁画、装饰品、礼品包装、波浪板、电器台面、体育用品的制作，也可用于各种木质板材平面的雕刻、切割、铣型、打孔等操作（图6-4）。

雕刻机的工作效率较高，主要采取断点记忆的方式加工，当出现意外断刀的情况时，换刀后仍旧可以立即加工或隔天作业加工。数控雕刻机可用于在金属、木材、亚克力等材料的表面进行浮雕、镂雕、平雕等，雕刻精度高、速度快。

图 6-4　工作中的雕刻机

6.1.3　型材切割机

型材切割机，别名为砂轮锯，既可用于锯切各种异型金属铝、铝合金、铜、铜合金、塑胶、碳纤维等材料，又可用于锯切金属方扁管、方钢、工字钢、槽钢等材料。

型材切割机操作简单，效率高，既可以做 90°直角切割，也可以在 0°~ 180°之间任意斜切。这种设备具有安全可靠、劳动强度低、生产效率高、切断面平整、光滑等优点（图 6-5）。

型材切割机设有隐藏式锯片，安全性比较高，工作时噪声相对较低，且拥有脚踏式开关，能自动压料、锯料，工作效率、锯切精确度都很高

图 6-5　型材切割机

使用型材切割机时需注意以下几点：

1）熟悉设备

使用型材切割机时应当提前熟悉设备性能，所有操作必须遵守安全操作的规章制度，操作时应全神贯注。

2）使用前检查

（1）应当定期检查型材切割机的线路，一定要确保其安全性，在正式使用之前还需再次确认设备的各部件是否能正常使用。

（2）在使用设备之前，要确保型材夹持的牢固性，如果型材夹持不牢，不仅容易发生事故，也不能保证板件切割后尺寸的标准性。

（3）在使用设备之前，要确认砂轮片的完整性，以免在操作过程中出现砂轮片破碎的情况。

3）做好安全防范措施

注意不可将易燃易爆物品置于加工空间内，且在切割过程中出现比较严重的抖动时，应当立即关闭电源，并进行检修，操作时一定要带好手套与眼罩。

6.1.4 木工台锯

木工台锯可用于现场制作，也可用于工厂定制，这种设备裁切规则、尺寸精准，适用于锯切板材与方料。用于现场制作的木工台锯主要通过将电圆锯倒装在自制的木工台面上（木工台面由板材与支撑脚组成），并搭配靠尺与推板组合而成（图6-6）。

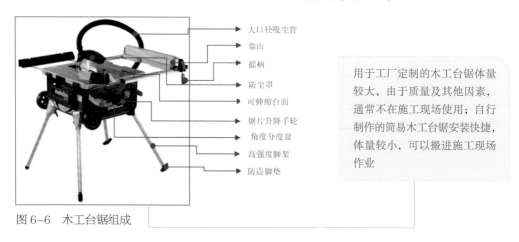

大口径吸尘管
靠山
摇柄
防尘罩
可伸缩台面
锯片升降手轮
角度分度盘
高强度脚架
防震脚垫

用于工厂定制的木工台锯体量较大，由于质量及其他因素，通常不在施工现场使用；自行制作的简易木工台锯安装快捷，体量较小，可以搬进施工现场作业

图6-6　木工台锯组成

6.1.5 手工锯

手工锯是制作整体橱柜的辅助工具，主要有框锯、板锯、刀锯、曲线锯、钢丝锯等多种。在使用手工锯时应定期检查锯条的磨损程度与锋利程度，并确保使用时锯柄不会轻易松动，注意控制用力的均衡性（表6-1）。

表6-1　手工锯的种类

种类	图示	特点	用途
框锯		又名架锯，由工字形木框架、绞绳、绞片、锯条等组成。粗锯锯条长650～750 mm，齿距为4～5 mm；中锯锯条长550～650 mm，齿距为3～4 mm；细锯锯条长450～500 mm，齿距为2～3 mm	粗锯可用于锯割厚板材；中锯可用于锯割薄板材；细锯可用于锯割较细的板材
板锯		又名手锯，由手把与锯条组成，锯条长度在350～650 mm之间，齿距则在3～4 mm之间	可用于锯割宽度较大的板材

种类	图示	特点	用途
刀锯		又名日本锯，由锯刃与锯把两部分组成。单面刀锯锯长 350 mm，可纵割与横割；双面刀锯锯长 300 mm，夹背刀锯锯板长度则多为 250～300 mm	可用于横向与纵向锯割板材
曲线锯		由金属框架、木手柄、锯条等组成，锯条较窄，宽度多为 10 mm	可用于锯割曲线等造型

6.1.6　封边机

　　封边机主要分为重型封边机与轻型封边机，这种设备能将封边的程序高度自动化，能完成板材的封边加工，包括涂胶、切断、齐头、修边、刮边、抛光等诸多工序（表6-2、图6-7）。

表6-2　封边机的主要功能

名称	功能
预铣	由前后两把铣削刀具构成，用于铣削与校正边缘不规则的板材，该功能可使封边条与板材之间贴合得更紧密，同时也能有效增强板材的美观性
涂胶封边	增强封边材料与封边板材之间的黏合力
齐头	利用靠模自动跟踪板材，并利用高频高速的电机切削板材，从而使断面保持平整、光滑的状态
粗修	修整封木皮时产生的多余部分，所用刀具为平刀
精修	修整橱柜 PVC 或亚克力封边条，所用刀具为 R 形刀
刮边	修整切削过程中板材边缘产生的波纹痕迹，使板材更光滑
仿形跟踪	通过修圆角装置来提高板材端面的美观性与光滑性
抛光	通过抛光轮清理已加工的板材，并使其封边端面具备光滑感
开槽	对柜体侧板、底板等开槽，或对门板的铝合金边框开槽

封边机具有黏合牢固、快捷轻便等优点，适用于中密度纤维板、细木工板、实木板、刨花板、实木多层板等板材进行直线封边和修边等操作

图6-7　自动化封边机

6.1.7　修边机

修边机又称为倒角机，主要由电动机、刀头、可调整角度的保护罩组成，这种设备具有粗磨、精磨、抛光一次完成的特点，适用于木材倒角、金属修边、带材磨边或磨削不同尺寸与厚度的金属带的斜面、直边等（图6-8）。

> 修边机主要用于修平贴好的饰面板与木线条边缘，这种设备既能用于木材边缘的造型倒角，也能在板材表面雕刻简单的花纹

（a）活动式修边机　　　　　　　　　　（b）固定式修边机

图6-8　修边机

6.1.8　气动钉枪

气动钉枪又称为气动打钉机、气钉枪等，主要利用空气压缩机产生的高压气体来带动钉枪里的撞针做锤击运动。木工常用的种类有直钉枪、钢钉枪、码钉枪、蚊钉枪等（表6-3）。

表6-3　气动钉枪的种类

种类	图示	特点	用途
直钉枪		使用的钉子为普通直行钉	用于普通板材之间的连接与固定
钢钉枪		体型、质量、冲击力均较大	用于板材或墙体之间的连接与固定
码钉枪		枪嘴为扁平状，适合于码钉射出	用于板材与板材之间的平面平行拼接

种类	图示	特点	用途
蚊钉枪		造型比直钉枪略小，放入专用的蚊钉，打钉时需要倾斜 45° 斜钉	用于饰面板等较薄的饰面材料的固定，无明显钉眼，美观性较好

💡 **小贴士**

风批

风批又称为风动起子、风动螺钉刀等，是用于拧紧与旋松螺栓螺帽的气动工具。这种设备装配螺栓速度快、效率高，适用于石膏板、家具柜门铰链等的安装。

6.2　柜体制作工艺

柜体是整体橱柜的核心，加工制作有严格的流程（图 6-9）。

识读图纸 ⟶ 拆单 ⟶ 开料 ⟶ 封边 ⟶ 槽孔加工 ⟶ 封装入库

图 6-9　柜体制作工艺步骤

6.2.1　正确识读图纸

在正式生产前，设计师必须仔细审核设计图纸，要确保图纸尺寸的正确性，并确保设计不会出现任何失误，从而使生产任务可以顺利进行（图 6-10、图 6-11）。

柜体
柜门
拉手
玻璃门板
台面
抽屉
柜体侧板
踢脚挡板
可调柱脚

（a）整体设计图

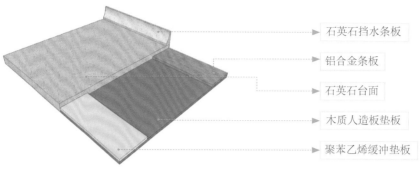

石英石挡水条板

铝合金条板

石英石台面

木质人造板垫板

聚苯乙烯缓冲垫板

（b）台面设计图

图6-10　橱柜三维设计图

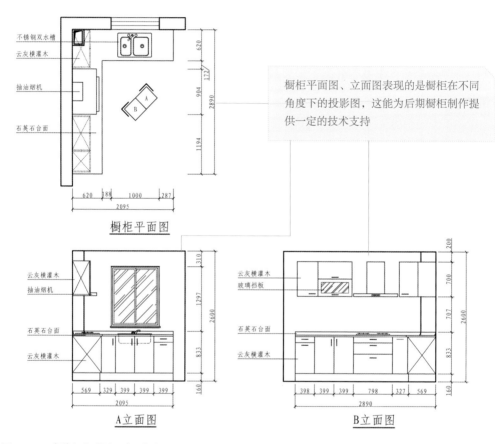

不锈钢双水槽

云灰横灌木

抽油烟机

石英石台面

橱柜平面图

橱柜平面图、立面图表现的是橱柜在不同角度下的投影图，这能为后期橱柜制作提供一定的技术支持

云灰横灌木
抽油烟机

石英石台面

云灰横灌木

A立面图

云灰横灌木
玻璃挡板

石英石台面

云灰横灌木

B立面图

图6-11　橱柜平面图、立面图

6.2.2　运用软件拆单

　　拆单工序是从设计图纸到加工文件的转化阶段，其主要任务是将前期设计好的橱柜订单拆分成具体的零件，并根据零部件的加工特性对加工过程中的分组、工序、加工设备等详细步骤进行更具体的规划。

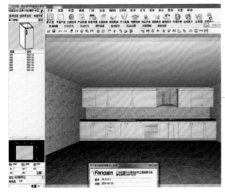

拆单处理包括仓库备料、拆单人员拆单、机器加工等几项，这个过程是对整体橱柜结构的全方位剖析，这种形式能使消费者与设计师更直观地了解橱柜构造（图6-12）。

拆单可通过计算机软件完成，通常拆单操作会被整合到橱柜管理软件系统中，从而实现前端设计销售和生产的高效对接，且电脑化拆单不仅能节约板材，还能提高橱柜制作的科学性

图6-12　计算机拆单软件界面

6.2.3　根据清单开料

开料是加工橱柜板材的过程，具体过程为：将拆单数据传送至计算机→连接电子开料锯→选择相应加工文件→板材裁切→打印板材条形码→扫描板件条形码→自主加工板件（图6-13）。

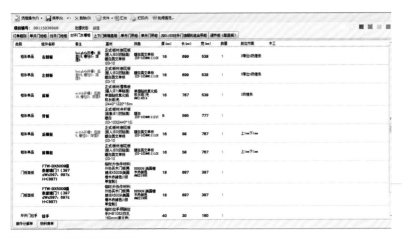

经过拆单软件分解后的物料清单，会自动附上名称、规格、加工工艺等信息，并会生成二维码方便后期核对管理

图6-13　橱柜物料清单

当橱柜制作的每一步工序完成之后，施工员都会将板件放置在轨道上，启动按钮便可将板件运输至下一个工艺制作点，这种运输形式不仅方便、快捷，同时也能提高工作效率。注意在轨道的中间位置预留足够的空间，以便工作人员安全、流畅地行走（图6-14）。

普通裁板锯主要作为电子开料锯的补充使用，可用于裁切部分非标准、用量较少的板件，比如运输过程中因损坏需要补发的板件

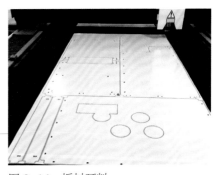

图6-14　板材开料

6.2.4　精准封边

整体橱柜主要利用封边机对板件进行封边处理，封边方式主要为机器封边与手动封边。

1）机器封边

机器封边效率比较高，常见的设备有直线封边机、曲线封边机、数控封边机等。直线封边机用于规则型板材封边（图6-15）；曲线封边机用于异型板材封边；数控封边机用于有特殊曲面的板材封边。

2）手动封边

对于整体橱柜中的异型板件，仍然需要通过手动封边机处理，这种设备封边作业范围大，可用于各种板材的直线、曲线封边，封边时可保证热熔胶不糊不漏（图6-16）。

图6-15　直线封边机

直线封边机操作方便，封边时根据不同板件的色彩型号，选择色彩相近或同型号的封边线条即可

图6-16　手动封边机

手动封边机对施工人员的技术水平要求更高，对异型板件的封边效果良好

6.2.5　槽孔加工

整体橱柜多利用数控钻孔机进行板件槽孔加工，具体加工过程为：确保数控钻孔机正常运行→连接计算机→扫描板件条形码→设备自行钻孔→清洁板材表面残余木屑→清理板材表面多余胶水线、记号等→分批次归置板件。

在进行橱柜板件槽孔加工时，应当根据板件的批次、尺寸与力学等各方面要求将板件堆放到推车上，并进入下一步工序。为了保证施工人员安全，每一台机械上都应设置一个紧急制动按钮，当出现卡板或其他问题时，施工人员只需快速按下紧急制动按钮，机器便可立即停止作业（图6-17、图6-18）。

图6-17　板材钻孔

数控钻孔机可根据数据信息自动钻孔作业，注意板材钻孔完毕后还需清洗干净板材表面的残渣

紧急按钮的存在能够为橱柜制作提供一定的安全保障，应当定期检查紧急按钮是否能正常运行

图 6-18　紧急按钮

6.2.6　修补板件

　　整体橱柜在生产与运输过程中，板材表面会因不可避免的摩擦与碰撞而产生一些细微的伤痕，为了保证橱柜的美观性与稳固性，应当及时修补其破损部位。修补前可将腻子与颜料搅拌在一起，调制成与板材相近的颜色，这样能遮住板材上的伤痕（图 6-19）。

图 6-19　修补板件

修补时，应将调制好颜色的腻子浆均匀地涂抹在板件上，待其凝固后再用砂纸打磨

6.2.7　封装入库

　　所有工序完毕后，还需将板材封装入库，并记录各项完成的数据信息，作为后期板材运输与安装的参考（图 6-20）。

所有制作步骤完毕后，应按编码将成品板材放入库房中，并等待物流出仓

图 6-20　板材包装后入库

6.3　门板制作工艺

　　整体橱柜的门板制作追求平整，表面纹理花色要求统一，柜门规格精准度高（图 6-21）。

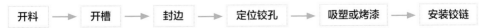

开料 → 开槽 → 封边 → 定位铰孔 → 吸塑或烤漆 → 安装铰链

图 6-21　门板制作工艺步骤

6.3.1　开料

整体橱柜的设计图纸是门板开料的重要根据，通常选用电子开料锯与手工推台锯进行门板的开料工作。由于橱柜门板的材质与颜色比较丰富，建议根据订单数进行实际生产。

6.3.2　开槽

开槽前应先确定好拉手的具体尺寸，通常开槽的厚度要小于拉手插入的厚度，采用推台锯开槽（图6-22）。

开槽指的是在板材表面或内部铣空出一定深度的槽，使门板表面形成花纹，通常使用数控加工中心进行加工

图6-22　门板开槽

6.3.3　封边

封边能强化橱柜门板的美观性，主要利用自动封边机与轻型封边机进行封边，但并不是所有材质的门板都需要封边，通常防火板、三聚氰胺板、水晶板等会进行封边处理，封边条应与门板的颜色一致，封边厚度多为2 mm。

6.3.4　定位铰孔

打孔之前需要确定好橱柜门板铰链的尺寸，精准定位后再打门铰孔。为了确保孔位的准确度，应当采用黑色记号笔记录下孔洞位置，并使用测量工具复核。

6.3.5　吸塑或烤漆

1）吸塑

橱柜门板吸塑工序：门板打磨→待干→喷胶→真空吸塑，该工序多选用真空吸塑机镀膜（图6-23）。

吸塑后的橱柜门板表面光滑，形体感突出，要及时覆膜打包处理，避免产生划痕。

图6-23　吸塑后的橱柜门板

2）烤漆

橱柜门板烤漆多由人工操作，制作工序比较复杂，步骤为：门板打磨→门铰孔、封边处涂刷密封底漆→双面打磨门板→待干→继续打磨门板→门板表面喷涂面漆→高温烘烤门板→气劲打磨门板→水磨门板→门板抛光→单面去纸。

6.3.6　安装铰链

选择与橱柜门板、柜体相匹配的铰链，采用电动螺钉刀拧紧铰链，应保证铰链安装的平整度与垂直度，安装后要保持稳固（图6-24）。

图6-24　安装铰链

铰链安装在预先开设的孔槽内，采用长15mm螺钉固定，保持铰链安装紧密、平直

6.4　台面制作工艺

下面以石英石橱柜台面、不锈钢橱柜台面为例，讲解整体橱柜台面的制作工艺。

6.4.1　石英石台面制作

1）制作工具

包括台锯、手提锯、切割机、角磨机、夹子等制作工具。

2）制作步骤

（1）锯切挡水条。根据设计图纸，测量台面上、下挡水条的具体尺寸，用夹子固定住，然后锯切。

（2）打磨挡水条。挡水条锯切结束后，应当使用角磨机打磨需要黏结的挡水部位，并使其基面处于干净状态。

（3）预留设备空间。确定好水槽、灶台等设备的尺寸，提前在石英石块材上开孔，注意做好打磨工作。

（4）台面拼接。使用原装胶水拼接石英石，在拼接前将石英石拼接面打磨成45°角，并在黏结面边缘粘贴一圈胶带，以免多余胶水弄脏台面，注意保持黏结面的洁净，且无其他碎屑。调和专用胶水，胶水颜色跟板材颜色基本一致后，将其涂抹在接缝处，待胶水完全干透后用3000号以上抛光片加水轻抛一次，接缝胶水痕迹就会不明显，这样台面黏结会更紧密。台面拼接完毕后即可黏结挡水条。

（5）敲击台面。台面拼接后还需使用橡皮锤轻轻敲击，间隔100～150mm设置固定夹，这样也能确保整个台面处于平整的状态。

（6）台面调整。清理台面并对台面进行打磨、抛光处理（图6-25）。

开孔时需确定好水槽、灶台等的安装位置，洞口四边还需进行打磨，直至触感光滑为止

图6-25　石英石台面开孔

6.4.2　不锈钢台面制作

不锈钢橱柜台面的厚度多为 0.8 mm，具体制作步骤如下：

1）裁切板材

选取不锈钢板材，根据橱柜设计图纸，使用大型压机将其压弯成橱柜台面的形状，再利用切割工具裁切不锈钢板材与多层实木板，其中多层实木板将作为不锈钢橱柜台面的垫板存在。

2）造型

确定好水槽、灶台等设备的尺寸，提前在不锈钢板材与多层实木板上开孔，注意做好打磨工作，其中不锈钢板材可使用激光开孔（图 6-26）。

3）防水处理

多层实木板表面应当覆盖一层防水铝箔纸，以增强橱柜的防水性能（图 6-27）。

4）板材固定、封边

利用黏结或挤压方式，将不锈钢板材与多层实木板紧密连接在一起，然后选择厚度一致的不锈钢封边条进行封边处理（图 6-28）。

图 6-26　造型　　　　　图 6-27　防水处理　　　图 6-28　封边

在橱柜台面材料上开孔，制作挡水条板，将台面与挡水条板固定，用于放置不锈钢台面的基础台柜材料多为多层实木板，具有较好的承载性与抗压性

铺贴在多层实木板表面的防水铝箔纸，铺贴要紧密细致，尤其要注意转角处的密封性

将不锈钢板采用结构胶黏结到多层实木板上后，要注意接缝收口，采用封边条覆盖。除了单纯的黏结工艺外，在不锈钢板挡水条、台檐转角处，还需要预先折弯，利用折弯后产生的包裹构造，让不锈钢板与多层实木板产生挤压力，辅助黏结固定

💡 **小贴士**

瓷砖橱柜制作

瓷砖橱柜质地坚硬，耐高温、耐水性能较好，但接缝处容易堆积灰尘，不易清洁，做工也较复杂，制作应参考以下步骤。

准备材料、工具→按图放线→切封边→打洞→钉封边→墙体开槽→围基脚→填充基脚→裁切瓷砖→围地脚→铺贴底板砖→封底脚边→铺贴踢脚板→于立柱上铺贴瓷砖并灌浆→铺贴顶砖→封边→对瓷砖台面铺水泥砂浆→清洁、勾缝→3～7天后安装人造石台面并找平→7～10天后安装柜门。

6.5.1　硬纸板包装

　　整体橱柜板件多采用硬纸板包装，整体橱柜全部包装主要有柜体包、柜门包与配套五金件包等，包装时应根据板件尺寸选定合适的硬纸板，并将其裁切成合适大小的纸包，裁切纸包的方式主要有手工裁切与机器裁切两种。

1）手工裁切

　　手工裁切灵活方便，既能根据板材的长、宽量身裁切，同时又能很好地节省纸皮，但这种裁切方式不够整齐、美观（图6-29）。

用纸箱与胶带封装板材时，注意板材叠加不超过5层，上下层为大块或较长的整板，中间可夹小块、零碎板材。五金件材料要单独打包

图6-29　胶带封装

2）机器裁切

　　机器裁切纸包规格比较统一，在包装不同大小的板件时会出现纸包存在过多空隙的情况，可在空隙内填充大量的发泡聚苯乙烯棉，这样纸包的美观性有所提升，对板件的保护力度也会更大。裁切后按包装大小分类（图6-30）。

经过包装后的打包件要分类摆放，所有打包件要放置在货架垫板上，避免受潮

图6-30　包装后分类

　　包装时需注意以下几点：

　　（1）清点好需要进行包装的板材，按照板材的大小、长短分类摆放，并选择大小合适的硬纸板，按照顺序依次码放板材。

　　（2）确定好板材在硬纸板上的位置，并做好记号，根据记号使用裁纸刀匀速切割硬纸板。

　　（3）根据标线位置，弯折硬纸板，使其紧紧包裹板材，确定无空隙后，再使用宽胶带固定。注意包装时需检查板材的边角处是否包装完好，边角部位应加入发泡聚苯乙烯棉，该材料能保护板材边缘。

6.5.2　存储环境

　　整体橱柜板件存储在仓库中时必须远离易燃易爆物品，空间内部环境不能过于干燥或潮湿，仓库内部具有通风设备，且货物必须整齐、分类码放，这样既便于管理，也便于后期取货（图6-31、图6-32）。

图6-31　升降机

图6-32　高位货架

升降机可用于人工单独码放货物，该设备便于清点与整补货物，使用十分方便

高位货架在存放物品时需进行标号处理，便于日后查找货物，采用叉车取放货物

6.5.3　定点发货

　　发货时可使用周转车将货物包搬运到发货平台，并用扫描机器扫描纸包条形码，确定无误后，再将货物装车，统一送往物流点。整体橱柜配送可由橱柜厂商自行配送，也可由第三方物流负责（图6-33、图6-34）。

图6-33　整体橱柜板件包装

图6-34　自动分拣设备

订单确认无误后即可将需要出库的板材包裹放置在出货区，等待装车，注意出库前板材包裹应在货架上平放24小时，待板材适应了环境温度后再出库，这样能有效防止板材变形

自动分拣设备适用于出单量大的厂商，它能快速识别出厂货品，并将其输送到不同仓库中或车辆上

第 7 章

厨房水电布置安装

重点概念： 设计布置、材料选择、管线布置安装、设备空间预留

章节导读： 整体橱柜安装前，水电管线布置安装应当满足安全、准确、美观等原则。设计师需要明确水电线路的布局，精准定位插座、开关面板的位置与尺寸，充分了解水电材料的性能（图7-1）。

图 7-1　电线

在进行水电施工之前，一定要保证电线质量，建议选择口碑较好的一线品牌，应根据厨房内部设备的功率选择合适截面的电线

7.1 厨房空间水电设计

7.1.1 水电设计准备

在正式进行厨房水电设计前，要了解配电系统图常见字母、符号的含义与安装高度（表7-1~表7-3）。

表7-1 常用水路管线设备符号

名称	符号	备注	名称	符号	备注
冷水管	—— L ——	可不标识字母，用其他线型区分	管道立管	XL-1 XL-1 平面 系统	X—管道类别；L—立管；1—编号
热水管	—— R ——		闸阀		暗装，距离地面1.3 m
污水管	—— W ——		角阀		
三通连接			截止阀		
四通连接			放水龙头	平面 系统	
管道交叉		在下方与后面的管道应断开	地漏		

表7-2 配电系统图常见字母及含义

代号	含义
C65N/1P-16A	C65N 为断路器型号，P 为级数、A 为额定电流，DPN16A/2P 与之同理
YJF	交联聚乙烯绝缘、聚氯乙烯护套电线（缆）
Z1/N1	回路号，如 Z1/N1 等后标示的为电线型号、根数、平方毫米等数据
KBG20/PVC20	在电线型号后标注的 KBG20 表示 ϕ20 mm 的金属管，现多用 PVC 管，则标示为 PVC

表7-3 常用电路开关与插座符号

名称	符号	备注	名称	符号	备注
配电箱			开关	单开 双开 三开 四开	距离地面1.3 m
灯	⊗		燃气表		距离地面1.8 m
插座	单个 三个	距离地面1.3 m	热水器	R	距离地面1.5 m

7.1.2 水电路设计施工名词

设计师、施工员、客户相互沟通时经常会谈及一些关于材料、构造的名词，下面列出常见水电路设计施工名词供参考（表7-4、表7-5）。

表7-4 水路设计施工专用名词

水路施工专用名词	图示	说明
开线槽	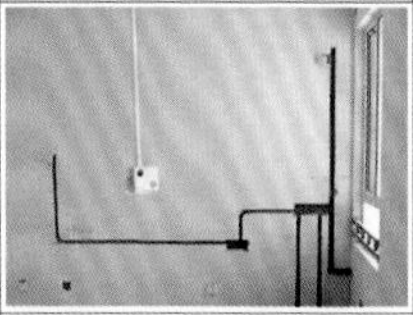	采用墙面开槽机在墙面或地面上切割出一定深度与宽度的凹槽，用于暗埋水管与电线管
暗管	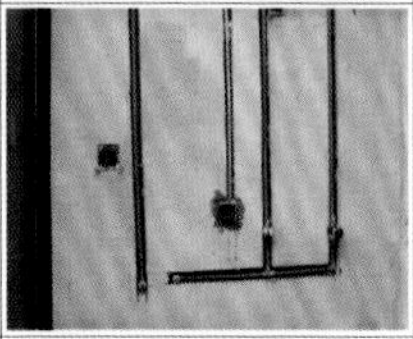	埋在线槽里的管路，常见的有PP-R管、PVC管等
堵头/闷头		堵头或闷头为同一种配件，用于水管安装完毕后，且在水龙头安装前，暂时堵住管口
内丝、外丝		指水管连接件的旋转丝口部分，内丝是指螺纹在配件内侧，外丝是指螺纹在配件外侧

表7-5 电路设计施工专用名词

电路施工专用名词	图示	说明
强电		指电压为36 V以上的交流电，特点是电压高、电流大、功率大、频率低，应用范围有照明灯具、插座、冰箱等
弱电	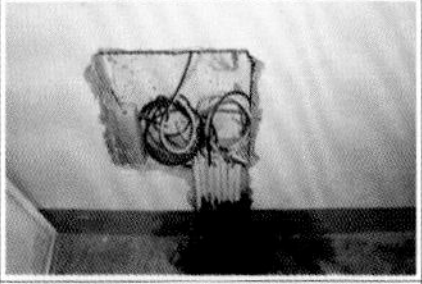	指信号电线，主要负责信息的传送与控制，其特点是电压低、电流小、功率小、频率高，应用范围有电话、有线电视、网络、音频、视频等
空气开关		又称为空气断路器，这是一种如果电路中电流超过额定电流就会自动断开的开关

电路施工专用名词	图示	说明
暗线		指埋在线槽中的电线，一般采用 PVC 管穿电线埋入墙体、地面中
暗盒		指位于开关、插座面板下方，埋在墙内的电线盒
配电箱		空气开关外部箱套，分为强电配电箱与弱电配电箱，用于固定与保护内部配件

7.1.3 水电路设计图

水电路设计图是指导施工的依据，传统的二维设计图为白底黑线图，用于记录水电路设计构造的细节，三维图中能将实体空间表现出来，反映管线相互穿插的逻辑关系（图 7-2 ～图 7-5）。

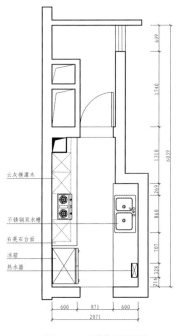

图 7-2 厨房平面图

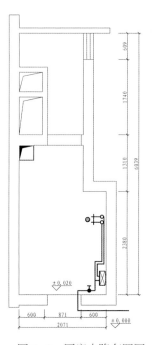

图 7-3 厨房水路布置图

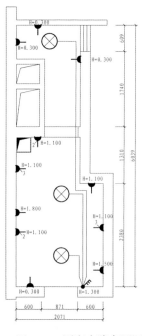

图 7-4 厨房电路布置图

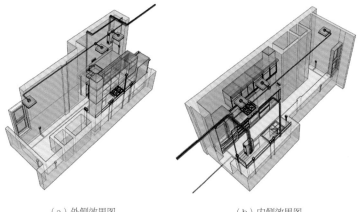

▲ 红色管线为电线,用于照明、插座的电源连接;蓝色为冷水管;绿色为热水管

| (a)外侧效果图 | (b)内侧效果图 |

图 7-5　厨房水电路设计布置三维图

7.2 **管线材料选配**

7.2.1　水路材料品种

厨房水电改造要求严格施工,施工人员的各项操作均要符合水电施工的相关规定。在施工过程中,施工人员会运用到很多材料,而只有了解不同水电材料的用途与用法,才能科学地进行水电路设计(表 7-6 ~ 表 7-9)。

表 7-6　金属管

材料名称	图示	说明
铜管		材质与生产方式:有色金属管,是经过压制或拉制而成的无缝管。 特点:导热快,耐腐蚀,耐高温,有较好的抗菌能力,施工方便,但价格昂贵。 用途:用作自来水管、供热管、制冷管等,可进户埋地、埋墙敷设。 连接方式:卡套式、焊接式,卡套耐用性较差,多选用焊接式
不锈钢管		材质与生产方式:通过在碳钢中加入合金元素,比如铬、镍、锰、钼、钛等,炼制而成。 特点:强度硬,质量轻,耐腐蚀,但现场加工困难,价格较高,施工工艺要求也较高。 用途:用于自来水管道等。 连接方式:压缩式、压紧式、活接式、推进式、推螺纹式、承插焊接式
镀锌管		材质与生产方式:碳素钢材质。 特点:生产工艺简单,成本低,生产效率高。 用途:镀锌管曾用作给水管,但易生锈,已逐渐被淘汰,仅用于户外灌溉或景观喷泉给水管。 连接方式:螺纹与管件连接

表7-7 复合管

材料名称	图示	说明
铝塑复合管		材质与生产方式：由内到外依次由塑料、热熔胶、铝合金、热熔胶、塑料五层材质构成。 特点：质轻，耐用，耐腐蚀，可弯曲，施工方便。 用途：做明管施工或埋于墙内，特殊情况可埋地下，可用于冷热水管道、燃气管道、供暖管道等。 连接方式：卡压式、卡套式
不锈钢复合管	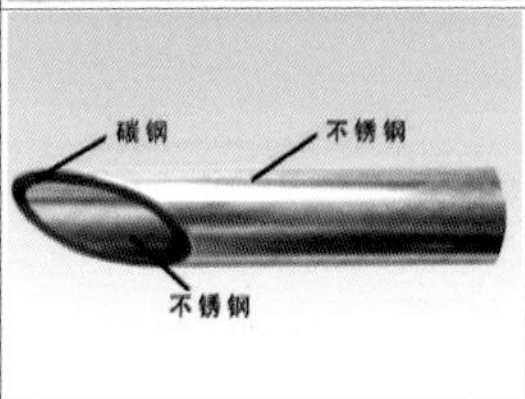	材质与生产方式：由不锈钢与碳素结构钢两种金属材料采用无损压力同步复合而成。 特点：抗腐蚀，耐磨，抗弯折，价格适中。 用途：适用于建筑装饰、市政公用工程施工等。 连接方式：螺纹连接、焊接、挤压式连接
钢塑复合管		材质与生产方式：以无缝钢管、焊接钢管为基管，内壁涂装涂料，经特殊工艺制作而成。 特点：耐腐蚀，强度、刚度较好，综合性能优于塑料管、铝塑管。 用途：可用作自来水管道、工矿用管等，也可用于石油、天然气输送。 连接方式：螺纹连接

表7-8 塑料管

材料名称	图示	说明
PVC管		材质与生产方式：由非塑性聚氯乙烯经特殊工艺制作而成。 特点：抗拉、抗压强度较好，管壁光滑，对流体的阻力小，水密性与柔韧性也较好，但抗冻性、耐热性差。 用途：适用于埋墙、埋柱敷设，不适用于热水管道；可用作生活用水供水管，但不可用作直接饮用水供水管。 连接方式：胶黏
PE管		材质与生产方式：由聚乙烯经特殊工艺制作而成。 特点：卫生性、耐化学腐蚀性、耐热性、耐寒性、耐用性、耐冲击性、施工性等性能均较好。 用途：可用作给水管、热水管、纯净水输送管等。 连接方式：热熔接、电熔接、钢塑连接
PP管		材质与生产方式：由聚丙烯经特殊工艺制作而成。 特点：种类丰富，有PPB管、PPC管、PPR管等，无毒，质轻，耐压，耐腐蚀，耐磨损，防冻裂，不锈蚀，保温节能，安装简单。 用途：适用于建筑物室内冷热水供应系统、采暖系统，也可用于室内给水排水。 连接方式：焊接法、端缘焊接法、异材质接管

表 7-9　配件

材料名称	图示	说明
给水软管	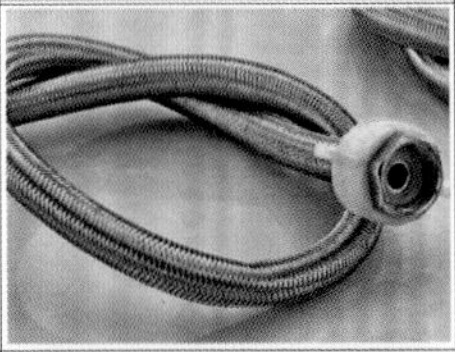	材质与生产方式：采用橡胶管芯，在外围包裹不锈钢或其他合金丝。 特点：规格以长度计算，长 400 ～ 1 200 mm，间隔 100 mm 为一种规格，外径为 18mm 左右。 用途：主要用于连接固定给水管的末端与用水设备
排水软管	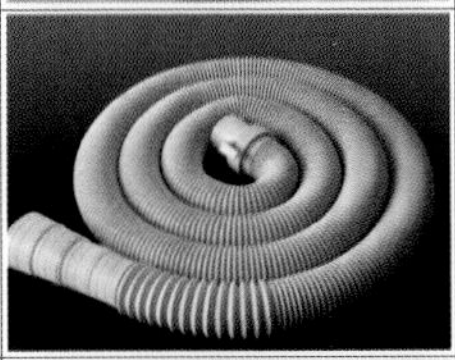	材质与生产方式：用塑料或金属制成的软管。 特点：与之相对应的螺帽样式多样，接头样式有固定型与 360° 旋转型，结构样式牢固，可通过抗压、抗拉、抗扭等测试。 用途：多用于排水
截止阀		属于进水管管阀的一种，行程较长，可控制水流的大小
三角阀	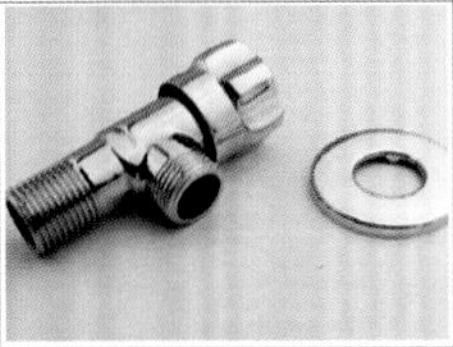	安装在给水管末端，呈 90° 转角形状，且阀体有进水口、水量控制口、出水口 3 个口，多是接软管用

7.2.2　水路材料选配方法

（1）所选材料应当具备较好的节能环保性、安全可靠性与经济性，这要求水路材料应当具备较好的保温性能、抗老化性能、耐热性能与力学性能等。

（2）优质水路材料的内外壁应当平整光滑，且无任何起泡、裂纹、划痕、凹陷等缺陷，且表面色泽基本一致。

（3）优质水路材料应明确标明冷水、热水管，部分嵌有金属管螺纹的材料，管口应无明显变形，且镶嵌牢固，管牙也没有任何缺口与毛刺。

7.2.3　电路管线材料

1）电线种类与应用

厨房电路设计布置中主要使用的电线是 BV 线与 BVVB 线，通常不同的电器需要连接不同截面的电线，否则功率不足，难以支持电器的运行，轻则跳闸，重则会发生短路、火灾等事故。在进行厨房电路设计布置前，一定要根据实际需要选择合适的电线（表 7-10、表 7-11）。

表7-10　电路管线材料

材料名称	图示	说明
BV（固定线路敷设）		铜芯聚氯乙烯塑料单股硬线，是由一根或七根铜丝组成的单芯线，常见颜色有红色、黄色、蓝色、绿色、黑色、白色、双色、棕色等
BVVB（固定线路敷设）		铜芯聚氯乙烯硬护套线，主要由两根或三根BV线用护套套在一起组成
RVS（灯头与移动设备引线）		铜芯聚氯乙烯绝缘绞型连接用软电线，主要由两根铜芯软线成对扭绞，无护套

表7-11　电线种类与作用

电线截面规格	应用
1 mm²	照明连接线
1.5 mm²	照明连接线或普通电器的插座连接线
2.5 mm²	挂式空调专用插座连接线或厨房电器独立插座连接线
4 mm²	热水器与立式空调插座连接线
6 mm²	连接中央空调或进户线

2）电路材料选配方法

（1）看包装：购买电线时应先查看其外包装是否完好无损，是否干净如新（图7-6）。

（2）看标志与线皮上的印字：通常正品5类线的塑料皮上印刷的字迹非常清晰、圆滑，假货的字迹则印刷质量较差。根据国家相关规定，优质的电线上应当印有相关标志，比如产品型号、单位名称等（图7-7）。

图7-6　电线外包装

合格的电线应盘型整齐、包装良好，合格证上商标、厂名、厂址、电话、规格截面、检验员等标示齐全并印字清晰

图7-7　电线线皮

通常正品5类线标注为"cat5"，超5类标注为"5e"，而假货则标注全为大写，比如CAT5。购买时需注意电线上标志最大间隔不应大于50 mm，印字应清晰，间隔应匀称

（3）看线芯：打开电线包装简单看一下里面的线芯，可将相同标称的不同品牌的电线线芯进行比较，通常皮太厚的产品不太可靠，还可通过撕扯线皮来判断，不容易扯破的电线为国标线（图7-8）。

（4）火烧电线：可取电线样品，用打火机点燃电线，查看其绝缘性，通常在5秒内熄灭的，具有一定的阻燃功能，为国标线（图7-9）。

在选择电线时可随机取两根同一品牌、同一型号、同一截面积的电线样品，可着重观察其线芯，查看其表面色泽、线芯数量等是否有差异，优质电线应基本保持一致

图7-8　比较电线

进行火烧电线试验时注意带好绝缘手套，用于火烧的线芯长度要控制好，应当在光照充足的室外或室内光线比较充足的环境下进行火烧电线试验

图7-9　火烧检验电线质量

7.3　管线布置安装

7.3.1　水路布管安装

厨房水路布置安装应按照定位→弹线→开槽→水管连接、敷设→水路试压→水泥砂浆填平（封槽）→防水的步骤进行施工（图7-10、图7-11）。

定位弹线之前要准备好圈尺、墨斗、黑色铅笔、彩色粉笔、红外光水平仪等用具，注意弹线的宽度要大于管路中配件的宽度

图7-10　定位、弹线

顶面预制板开槽深度不可超过 15 mm；应保证暗埋的水管在墙与地面内，不应外露；槽内裸露的钢筋还需进行防锈处理，且地热管线区域内不可开槽

图 7-11　开槽

（1）应当用彩色粉笔或黑色马克笔做定位标注，字迹应清晰、醒目，标注时注意避开需要开槽的地方，冷水槽、热水槽应分开标明。

（2）厨房水路应对照水路布置图与相关橱柜水路图进行定位、开槽。

（3）由于厨房地面会做防水，顶面大部分会做扣板吊顶，因此应尽量将水管布置在吊顶内，既不影响厨房美观，后期维修也比较方便。

（4）要明确厨房冷、热水管道与地漏的位置与数量，并确定是否有特殊需求。

（5）厨房冷、热水进水口应当平行，多为"左热右冷"，其间距为 150 mm，可安装在洗物柜中，施工前应确定好洗物柜侧板、下水管的位置对冷热水管道安装是否有影响。

（6）厨房冷、热水管不宜靠得太近，有热水管的管槽一定要控制好宽度，槽开得太窄，会导致冷、热水管过于拥挤，可能会出现水到洗菜盆后水不热的现象。

（7）厨房冷热水进水口多安装在离地 200 ~ 400 mm 的位置，水槽下方角阀的安装位置应在龙头下 300 mm 左右。

（8）水槽主要用于清洁厨房内的物品，通常水槽侧面距离墙面不应小于 400 mm，另一侧距离不应小于 800 mm，且水槽安装位置不应太靠近转角处。

（9）冷水埋管后的批灰层要大于 10 mm，热水埋管后的批灰层要大于 15 mm，水管铺设完成后，封槽前要用管卡固定，冷水管卡间距不应大于 600 mm，热水管卡间距不应大于 250 mm。

（10）厨房水路开槽时切忌开斜向槽，管道暗敷时，槽深度与宽度不应小于管材直径加 20 mm。若为两根管道，管槽的宽度要相应增加，单槽为 40 mm，双槽为 100 mm，深度为 30 ~ 40 mm。

7.3.2　电路布线安装

1）电路布线方式

厨房电路布线方式主要有顶棚布线、墙面布线、地面布线这三种形式。顶棚布线的电线管隐藏在顶面的装饰面材中，这种布线方式适用于做吊顶的空间；墙面布线需要开槽，对承重要求不高，施工时要控制好开槽深度；地面布线是比较常见的方式，这种布线方式对周边环境没有太大的要求（图 7-12 ~图 7-14）。

图 7-12　顶棚布线

顶棚布线施工简单，这种布线方式也能很好地保护电线，且施工不用开槽、埋线

图 7-13　墙面布线

墙面布线的线路比较长，使用时间过长，墙面会出现裂痕，且不便于墙壁钻孔悬挂物品

图 7-14　地面布线

地面布线对线管的承重有一定要求，施工之前一定要仔细检查线管，确保其质量

2）电路布线安装流程

厨房电路布置安装应按照定位→弹线→开槽→预埋底盒→布管→穿带线→封槽的步骤进行施工。

（1）定位：应遵循"从始端到终端，先干线后支线"的定位原则，注意找好水平或垂直线，为了精准地确定电路的布线走向与插座、开关的位置，应在墙面、地面标示出具体的位置与尺寸（图 7-15）。

（2）开槽：施工前应准备好专业的开槽工具，比如切割机、开槽机等，注意控制好开槽深度（图 7-16）。

（3）预埋底盒：施工应先在洞中注入适量的 1 : 3 水泥砂浆，再将底盒置入洞中，归置平整，最后再用水泥砂浆填补周围的缝隙，收口要平整，注意预装底盒完成后还需将墙面上多余的水泥砂浆清理干净（图 7-17）。

图 7-15　插座、开关等定位

插座、开关的位置可用小线或水平尺测出，并用墨线或黑色记号笔标记在墙面上

图 7-16　开槽

开槽时要保证深度一致，且开槽完毕后，还需适当洒水防尘，并及时清理掉多余的水泥砂浆碎块

图 7-17　预埋底盒

底盒预埋时需注意，其装盖面要低于粉刷面 3～5 mm，并高出砖砌面 1～2 mm

（4）布管：同一槽内电线管不超过 2 根，管与管之间应预留不小于 15 mm 的间缝（图7-18）。

（5）穿带线：施工前要仔细检查管路是否畅通、布线是否符合设计图纸要求，当管路较长且转弯处较多时，可在敷设管路前穿好带线，并留有 200 mm 的余量，再用绝缘胶布按要求包扎起来，布管完毕后还需用管卡将其固定（图7-19）。

（6）封槽：多选用 1∶3 的水泥砂浆封槽，封槽前应洒水润湿，封槽时需注意，墙面宽于 100 mm 的槽洞需要钉钢丝网后再封槽，封槽的水泥砂浆应略低于原墙面（图7-20）。

图 7-18　布管

图 7-19　穿带线

图 7-20　封槽

布管前应根据设计图纸裁切好管材，小管径线管可用剪管器裁切，大管径线管则使用钢锯裁切

穿带线时需注意，电线PVC 管进盒、进箱时，应当做到 1 管穿 1 孔，这样安全性会更高

封槽时应根据需要调制适量的水泥砂浆，通常顶面封槽需用 901 胶、水泥与少许细砂调和

3）电路布线基本要求

（1）同一回路电线需穿入同一根线管中，管内总电线数量不宜超过 8 根，ϕ16 mm 电线管不宜超过 3 根电线，ϕ20 mm 电线管不宜超过 4 根电线，且电线总截面面积不可超过管内截面面积的 40%。

（2）插座面板底边距地面的距离宜为 300 mm，开关面板底边距地面的距离宜为1300 mm，同一室内的插座面板应在同一水平标高上，高差应小于 5 mm。

（3）电气线路与煤气、热水管之间的间距宜大于 500 mm，与其他管路的间距宜大于100 mm。

（4）暗管在墙体内严禁交叉，严禁未有底盒跳槽，严禁走斜道，且当直线段长度超过15 m 或转弯超过 3 个时，必须增设底盒。

（5）电线管与热水管、蒸汽管之间的净距不宜小于下列数值：当管路敷设在热水管下面时，间距为 200 mm；当管路敷设在热水管上面时，间距为 300 mm；当管路敷设在蒸汽管下面时，间距为 500 mm；当管路敷设在蒸汽管上面时，间距为 1000 mm。当间距不符合上述要求时，应采取隔热措施。

（6）电线管路与其他管路的平行净距离应大于 100 mm，无论是明装还是暗装，都需要用线卡固定。电线管的管口、管子连接处均应做密封处理，槽内的电线管与表面的净距离不应小于 15 mm（图 7-21 ~图 7-23）。

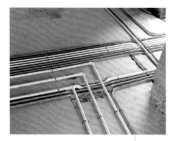

图 7-21　电线管敷设

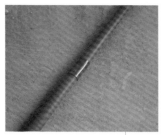

图 7-22　线管连接

图 7-23　线管加设固定点

电线管应尽量沿最短线路敷设，并减少弯曲，当电线管敷设长度超过规定时，应在线路中间装设分底盒或底盒

管路连接应使用套箍连接，包括端接头接管，连接时可采用小刷子刷取配套的塑料管胶黏剂，并将其均匀涂抹在管的外壁上，然后将管子插入套箍，直到管口到位

当管路垂直或水平敷设时，每隔 1 m 间距应有 1 个固定点，管路弯曲部位则应在圆弧的两端 300 ~ 500 mm 处再加设 1 个固定点

7.4　设备预留空间

　　要确定厨房设备的预留空间，首先要确定厨房设备的数量与尺寸规格，然后再根据厨房与整体橱柜的设计图纸预留空间。

7.4.1　厨房设备

　　厨房常用的设备主要包括抽油烟机、电饭煲、烤箱、微波炉、冰箱、洗碗机、消毒柜、净水器、热水器等，设计师应根据厨房面积与设备使用频率来选择合适尺寸的设备，并参考整体橱柜的尺寸，在水电正式敷设前为其预留好空间，与之相关的插座、开关的位置与尺寸也应当确定好（图 7-24 ~图 7-29）。

图 7-24　抽油烟机

图 7-25　烤箱

图 7-26　微波炉

图 7-27　冰箱

内嵌式冰箱插座可隐藏设计，高度应大于 1200 mm

图 7-28　洗碗机

内嵌式洗碗机多安装在地柜内部，宽度与柜体相当

图 7-29　热水器

热水器安装在墙面，其插座高度多为 1350 mm，实际应参考使用者的需求

7.4.2　预留空间

下面通过介绍不同设备的规格来讲解设备预留空间的相关内容，在结合柜体厚度的前提条件下，通常所预留的空间应大于该设备的基础尺寸（表 7-12）。

表 7-12　不同设备的规格

设备名称	图示	规格（mm）
抽油烟机		795×395×510、896×530×566、750×394×500、710×560×330、890×520×550、900×527×750、900×510×540、900×500×585、900×530×575
烤箱		普通烤箱：500×300×300 嵌入式烤箱：595×590×560
微波炉		18 L：290×290×149 20 L：282×482×368 21 L：461×361×289
冰箱		迷你型：270×350×450 单开门：500×470×840 对开门：768×908×1810 双门式：600×520×1440 三门式：768×908×1790 四门式：640×790×1820
洗碗机		大型：600×850×600 中型：450×850×600 小型：550×450×500

第 8 章

整体橱柜安装方法

重点概念： 厨房验收、清点材料、现场组装、电气设备、加装五金件、橱柜验收使用

章节导读： 整体橱柜由不同的单元柜组合而成，在正式安装前，要确保厨房环境处于干净整洁的状态，橱柜配件的数量与尺寸等均没有问题。整体橱柜安装时可在地面瓷砖上铺一层纸箱板，以免瓷砖受到损坏。橱柜安装后还需检查地柜与吊柜的稳定性，并仔细查看其连接处是否有松动现象，要求安装人员具备较好的职业素养与专业技能（图8-1）。

图 8-1　整体橱柜安装

整体橱柜安装前要多次审核尺寸，确保柜体安装的整齐性。安装完毕后还需摇晃柜体，检查其是否已安装牢固

8.1 厨房环境验收

8.1.1 顶面验收

厨房吊顶所选用的材料应当具有较好的防火性与防潮性，验收重点在于检查吊顶安装后表面是否平整、变形或起拱等。

8.1.2 墙面验收

厨房墙面多铺设瓷砖，验收重点在于检查瓷砖表面是否有色差、裂纹、破损等，并仔细检查瓷砖铺设间隙是否过大、各间隙间距是否一致、转角处瓷砖是否有脱落或凹凸不平等。

8.1.3 地面验收

厨房地面同样多铺设瓷砖，验收重点基本与墙面一致，需要检查瓷砖表面是否有色差、裂纹、破损等，并需检查瓷砖铺设间隙是否过大、各间隙间距是否一致、瓷砖是否有脱落或凹凸不平等。

8.1.4 通风采光环境验收

厨房需要有良好的通风环境与采光环境，普遍要求窗户面积不小于厨房整体面积的1/10，且排烟孔直径应当大于 150 mm，这样排烟才会更顺畅。

8.1.5 排水情况验收

厨房如果设置有地漏，则地面必定存在一定的倾斜角或引水槽，在防水做好后还需进行防水试验，以确保厨房排水可以顺利进行。

8.1.6 煤气管道验收

为了保证厨房使用的安全性，多会在厨房内部安装可燃气体报警器，且在厨房验收时还需仔细检查煤气管道的安装位置是否正确，通常应当布置明管，这样不仅便于维修，出现燃气泄漏时也能及时发现，避免发生更严重的事故。

8.2 配齐工具设备

整体橱柜在安装的过程中需要使用到许多专业的安装工具，在安装前应配齐相应的工具设备，这样才能保证施工顺利进行。

8.2.1　水平尺

水平尺可用于测量被测物体表面的相对水平位置、铅垂位置、倾斜位置等，功能比较强大，这种设备造价比较低，携带方便，且测量精准，容易保管，悬挂、平放都可以，不会因长期平放影响其直线度与平行度。当长期不用时，应当拆除电池，或在金属部位涂上适量的润滑油，以增强水平尺的抗氧化性能（图8-2）。

8.2.2　卷尺

卷尺包括纤维卷尺、皮尺、钢卷尺等，其中钢卷尺的使用频率较高，在整体橱柜的安装过程中，安装施工员常会使用卷尺测量橱柜板件的尺寸或进行橱柜定位，标准为5 mm刻度，尺长为7.5 m的卷尺使用频率较高（图8-3）。

8.2.3　直角尺

直角尺主要用于检测工件及工件相对位置的垂直度，根据材质的不同可分为铸铁直角尺、镁铝直角尺、花岗石直角尺等。

使用直角尺前，应先检查各工作面与边缘是否有碰伤或弯曲，其长边的左右面与短边的上下面都是工件面，注意应将直角尺的工作面与被检工作面擦拭干净（图8-4）。

图8-2　水平尺

长度为1 000 mm的刻度水平尺可用于地柜或吊柜安装，调节柜体水平和拉篮、抽屉等五金件水平

图8-3　钢卷尺

钢卷尺主要由外壳、尺条、制动、尺钩、提带、尺簧、防摔保护套、贴标等部分组成，比较耐用

图8-4　直角尺

镁铝直角尺的使用频率较高，可用于现场画直角线段，例如柜体现场改孔时画直角线

8.2.4　冲击钻

冲击钻又称为电锤，配置钻头规格有ϕ6 mm、ϕ8 mm、ϕ10 mm、ϕ12 mm、ϕ14 mm等，主要结构有电源开关、倒顺限位开关、钻夹头、电源调压及离合控制钮、顺逆转向控制机构、齿轮组、改变电压实现二级变速机构、辅助手把、壳体紧定螺钉、机壳绝缘持握手把、定位圈等，可用于在板材上钻孔（图8-5）。

8.2.5　手电钻

　　手电钻的钻头型号有 ϕ3 mm、ϕ4 mm、ϕ5 mm 等几种，主要以交流电源或直流电池作为动力，主要结构有小电动机、控制开关、钻夹头、钻头等，适用于开螺钉引孔、拉手孔、改柜子结构孔位、连接柜子螺钉等（图8-6）。

8.2.6　开孔器

　　开孔器又称为切割器或开孔锯，其型号有 ϕ38 mm、ϕ42 mm、ϕ63 mm 等几种，安装在普通电钻上，可用于在不锈钢、铜、铁、有机玻璃、木头等各种板材的平面、球面与任意曲面上进行圆孔、方孔、三角孔、直线或曲线的任意切割（图8-7）。

在柜体需要挂墙时，可用冲击钻固定吊柜，注意施工时需要在钻孔中埋入膨胀螺钉或螺栓

手电钻在使用时需配置十字螺钉批头，这种设备很适用于安装三合一配件与其他配件螺钉

开孔器操作简单，主要可用于开通线盒、插座孔、现场开书桌台柜线孔、背板插座孔等

图 8-5　冲击钻　　　　　图 8-6　手电钻　　　　　图 8-7　开孔器

8.2.7　玻璃胶枪

　　玻璃胶枪主要有手动胶枪、气动胶枪、电动胶枪等几种。在使用玻璃胶枪时，应当先用大拇指压住后端扣环，往后拉带弯勾的钢丝，然后放玻璃胶头部，使前面露出胶嘴部分，再将整支胶塞进去，接着放松大拇指部分，最后挤压出适量的玻璃胶即可（图8-8）。

8.2.8　螺钉刀

　　螺钉刀是一种用来拧转螺钉以迫使其就位的工具，主要有一字螺钉刀与十字螺钉刀等几种。使用螺钉刀时，要紧握胶把手并用力旋转，当轮轴直径越大时，螺钉刀就越省力，因此使用粗把螺钉刀会比使用细把螺钉刀更省力，在选择时尽量选择质感好、胶把手与手部适宜的螺钉刀（图8-9）。

8.2.9　内六角扳手

　　内六角扳手，别名为艾伦扳手，主要通过扭矩施加对螺钉的作用力，从而实现拧转螺钉的目的，其常用规格为 ϕ2 ~ ϕ10 mm（图8-10）。

8.2.10　橡胶锤

橡胶锤可用于现场组装整体橱柜，其锤头部分为橡胶材料，使用时不会在整体橱柜表面形成凹凸或损伤，在安装固定搁板托、收口板、修整板面高差时，都可使用橡胶锤，应当使用中强度橡胶锤，这类橡胶锤有微回弹力。使用橡胶锤前应当确保锤头与锤柄之间连接牢固，锤头表面没有毛刺或裂纹等（图8-11）。

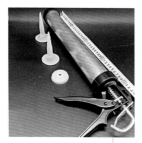

图 8-8　玻璃胶枪

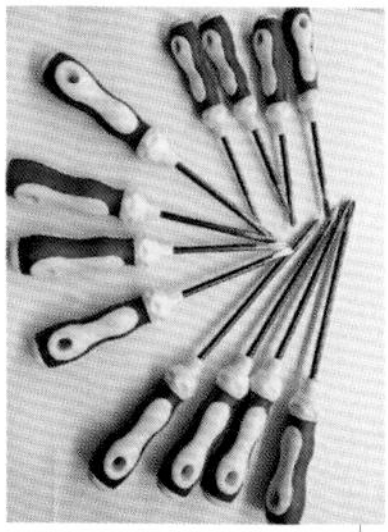

玻璃胶枪可用于现场台面板靠墙、收口、顶底板同墙体之间的密封，打胶时需用手托住玻璃胶，注意控制好用量

图 8-9　螺钉刀

螺钉刀在现场安装时，主要可用于拧固螺钉或调节抽屉拉篮的导轨、门板拉手、铰链等，操作比较方便

图 8-10　内六角扳手

内六角扳手适用于多种口径的螺钉，同时也可用于现场安装整体橱柜时拧固特殊螺钉

图 8-11　橡胶锤

橡胶锤在使用过程中应当保持锤子表面干净无异物，施工人员可通过敲击板件来实现对橱柜的细微调整

8.3　清点材料构件

8.3.1　清查板材

整体橱柜安装施工员在正式安装前应当仔细检查产品的外包装是否有破损，确认无误后才可开箱；开箱后还需检查橱柜板材表面是否有色差、裂痕、凹凸等，对于板材的数量、尺寸等也需仔细核实（图8-12）。

在整体橱柜安装前还要给安装施工员提供大块的地面保护膜，安装时应将这些地面保护膜铺设在地面上，保护地面免受安装工具与橱柜构件的摩擦破坏（图8-13）。

图 8-12　橱柜板材

清点板材数量是否正确，注意板材边角是否存在缺口或凹陷，如果发现有明显损坏，应及时通知厂家调换

铺装地面保护膜能有效防护安装区域地面
的铺装材料，尤其是昂贵且光滑的地砖要
加强保护，避免造成破坏导致返工

图8-13　地面保护膜

8.3.2　检查五金配件

五金件的优劣直接影响着一套整体橱柜的综合质量，在安装整体橱柜之前应当仔细核查
五金件的规格与质量，劣质的五金件不仅会引起柜门脱落，影响整体橱柜的使用寿命，在视
觉上也不太美观。

1）拉手（图8-14）

整体橱柜的拉手拥有丰富、多变的样式，制作工艺也十分精湛。检查拉手时需注意以下
几点：

（1）看包装：仔细观察拉手包装袋大小是否合理、包装用料与标签是否合适、袋内是
否有残渣、装箱是否起到了保护产品的作用等，还可选择样品进行试摔测试，或进行耐破抗
压测试等。

（2）看表面：仔细观察拉手表面，查看其是否有起泡、砂孔、刮伤、碰伤、毛刺等缺陷。

（3）看色泽：仔细查看拉手表面色泽，同一批次的拉手不应存在色差，在安装时，应
当核对颜色，安装没有色差的拉手。

检查物流包装盒的外包装是
否有破损，然后取出拉手，
查看外包装是否有问题

拆除拉手包装，并将其放置于
有铺垫的地面上，然后仔细查
看表面是否有瑕疵或色差

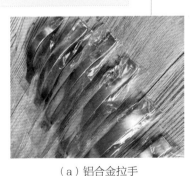

（a）铝合金拉手　　　　　　　　　　　（b）复合拉手

图8-14　拉手检查

2）铰链

优质铰链能配合柜门顺利安装，选择铰链要考虑诸多问题，比如橱柜柜门的材料与结构，橱柜柜门的尺寸、厚度与质量，橱柜柜门的开启频率，橱柜的整体装饰效果，潮湿空气、灰尘等侵蚀环境的损害（图8-15）。

3）地脚

地脚具有支撑柜体平衡的作用，劣质橱柜用的是再生塑料地脚，长期使用容易老化，柜子会因失去平衡而塌陷，从而导致人造石台面断裂，橱柜无法使用（图8-16）。

4）吊码

吊码属于橱柜的小五金配件，主要安装在吊柜中，起调节高低的作用，还可将吊柜挂在墙上，便于连接吊柜与墙体（图8-17）。

图 8-15　铰链　　　　　图 8-16　地脚　　　　　图 8-17　吊码

铰链安装后能调节柜门与柜体之间的间距与方位，调节范围多在 4 mm 以内，因此不能完全寄托于这种调整，在安装时应精准测量对齐

金属地脚质量高于塑料地脚，且使用年限更长，优质金属地脚既能防潮，又能延长橱柜使用年限

吊码是支撑吊柜的主要配件，优质的吊码色泽闪亮，触摸起来手感光滑，且不会有任何毛边

5）抽屉滑轨

抽屉滑轨是抽屉与柜体之间的连接体，是安装并制成抽屉的重要构件。抽屉滑轨强度高，内部嵌有滑轮或滚珠，能保证抽屉灵活抽拉开关，方便物品取用（图8-18）。

抽屉滑轨的支撑力量决定了抽屉是否能够自由顺滑地推拉、承重，以及保证放置一定质量的物品后抽屉是否会翻倾

图 8-18　抽屉滑轨

图 8-19　拉篮

6）拉篮

拉篮拥有较大的储物空间，可合理切分空间与充分利用拐角空间，这种五金件不易损坏，但由于自身质量过大时会加大滑轮承重的压力，减少轨道使用寿命。因此，要选用表面光滑、手感舒适、无毛刺、主杆直径不小于 8 mm 的拉篮（图 8-19）。

优质拉篮的网格交接处应焊点饱满、节点均匀，无虚焊等现象。在安装之前应仔细检查拉篮的所有扣件是否齐全，安装后承载物品是否存在变形与松动

B.4　现场组装

8.4.1　安装准备工作

（1）与消费者确定好预约上门安装的时间。安装人员需提前与消费者沟通、核实安装时间，并让消费者做好相应的准备工作。若因特殊原因无法按时安装，则需及时通知消费者，说明无法准时到达的原因，并约定预估到达的时间。

（2）根据订单工艺要求、安装难易程度、安装速度等来安排安装人员的组成，并准备好相应的安装工具与工作证件，以确保按照约定时间进行橱柜的安装（图 8-20）。

（3）安装施工员要提前熟悉橱柜的设计图纸，并能根据设计图纸安装家具。安装前一定要检查橱柜的各个零部件是否齐全，尺寸、色泽等是否正确。

图 8-20　安装工具

整体橱柜安装需配备专业的安装施工员，在安装前一定要准备好安装所需的工具

8.4.2　检查产品包装

收到整体橱柜包装箱后，应根据订单核对家具的零部件。首先，检查配件是否齐全，可直接打开包装核实配件、板材与五金件，以免浪费安装时间，柜体板件包的数量应与包装明细上所标注的包数吻合。然后，检查板材表面是否有缺色、破损，门板是否有刮花等，若有问题应立即报告部门经理，并进行更换（图 8-21）。

检查物流包装是否有外观破损，确定无损后再拆开包装，拆包后还需核查材料清单

图 8-21　产品包装外观

8.4.3　清理操作区域

整体橱柜安装结束之后不便于清洁处理。为了保证柜体安装部位地面与墙面的洁净，应当在安装前预先清洁，这样也能有效防止墙面凸起部分对柜体的稳定性造成影响。在安装现场应专门规划出一块供施工员安装橱柜的工作区域，并将该区域清洁干净，然后再在此处进行橱柜的组装操作。

8.4.4　根据图纸放样

施工员在安装橱柜前，应当熟悉并充分了解相关的设计图纸，图纸中会明确标明橱柜各单元柜的尺寸、安装位置等相关信息。施工员在确认好尺寸后，应在对应的位置画线，便于后期安装，这个画线的过程便是实现放样的过程。

8.4.5　找好柜体固定点

橱柜安装人员应当按照设计要求与设计图纸画线，并需根据橱柜的固定尺寸在墙面上确定固定点，应当对照厨房设计图纸与橱柜的设计图纸确定好各单元柜的实际安装位置，注意应分类堆放板件。

8.4.6　安装橱柜地柜

1）检查板材

检查地柜板材表面是否有划伤或色差等缺陷，确认没有任何问题后便可开始安装（图 8-22）。

拆开包装后，将柜体各部件平铺在地面上，根据安装说明清点各部件

图 8-22　检查板材

2）组装、固定地柜框架

（1）组装。组装前应检查地柜的各部件是否有缺失，组装时需根据结构设计图纸，按照指定的顺序组装地柜框架。地柜框架组装完成后还需在柜体边缘贴上防火膜封边，并于地柜底部安装金属支脚。

（2）固定。确定好地柜的安装位置，在墙面钉入螺栓，依次固定地柜单元柜，注意不要忘记安装地柜背板，通常安装下水的背板需现场开孔，开孔直径多比下水管直径大3～4mm，注意开孔部位需用密封条进行封边处理（图8-23）。

板材上会根据设计图纸预留钉眼，在现场的施工员用专用工具将螺栓固定好即可

图8-23　钉螺栓

8.4.7　安装橱柜吊柜

1）检查板材

检查吊柜板材表面是否有划伤或色差等缺陷，确认没有任何问题后便可开始安装。

2）绘制吊柜安装水平线

在安装吊柜之前，应当在墙面上绘制好安装水平线，这样能更好地保证膨胀螺栓的稳定性，通常安装水平线与台面的距离不小于650mm，设计师可根据使用者的身高调整水平线的高度。

3）组装、固定吊柜框架（图8-24）

（1）组装：组装前，应检查吊柜的各部件是否有缺失，组装时需根据设计结构图纸，按照指定的顺序组装吊柜框架，吊柜框架组装完成后还需在柜体边缘贴上防火膜封边。

（2）固定：确定好吊柜的安装位置，在墙面钉入螺栓，依次固定吊柜单元柜，注意不要忘记安装吊柜背板，吊柜安装好之后还需调整水平度，可适当摇晃吊柜，检查其安装的牢固性。

图8-24　橱柜吊柜安装

安装吊柜时要准确测量台面与吊柜之间的距离，确保吊柜所有单元柜都能处于同一水平线上

8.4.8　安装橱柜台面

具体安装步骤如下：

1）检查板材

检查台面板材表面是否有划伤或有色差等缺陷，确认没有任何问题后便可开始安装。

2）确定黏结的要求

在安装台面之前要确定好石材黏结的时间、用胶量、台面打磨程度等，通常夏季黏结台面需要 30 分钟，冬季由于天气寒冷，则需耗费 1 ~ 1.5 小时。

3）安装台面

确定好台面材质后，便可根据设计图纸裁切材料并开始施工。为了减少施工中的误差，应当在地柜与吊柜安装完毕后再安装台面，注意台面安装完成后还需打磨抛光（图 8-25）。

> 安装台面时应预留出水槽的位置，需依据水槽的实际大小在台面上开孔

图 8-25 橱柜台面安装

8.4.9 安装橱柜五金

应根据设计图纸依次安装水槽、拉篮、水龙头等五金，安装橱柜五金前要仔细检查，确保预留槽口尺寸与五金尺寸完美契合。五金安装完毕后应当摇晃检查，确认其安装牢固，水槽与水龙头安装结束后还需进行试水试验，确保其不会出现漏水现象。

8.4.10 安装抽屉滑轨与抽屉

1）抽屉滑轨安装

（1）抽屉滑轨安装前要测量滑轨的尺寸与规格是否与抽屉相符合。

（2）安装滑轨时需要将内轨从抽屉滑轨的主体上拆卸下来，要分拆滑道中的外轨与中轨部分，应先将其安装在抽屉箱体的两侧，再将内轨安装在抽屉侧板上（图 8-26）。

2）抽屉安装

确定好抽屉安装位置，并用螺钉将内轨固定在抽屉柜体上，对准孔位，紧固螺钉。

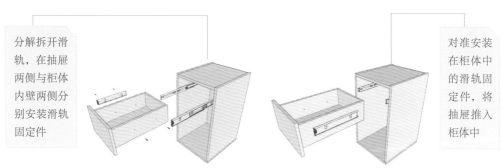

> 分解拆开滑轨，在抽屉两侧与柜体内壁两侧分别安装滑轨固定件

> 对准安装在柜体中的滑轨固定件，将抽屉推入柜体中

（a）安装滑轨固定件　　　　（b）插入抽屉

图 8-26 抽屉滑轨安装示意

8.4.11 安装柜门与拉手

1）柜门安装

安装柜门时需注意以下几点：

（1）根据设计图纸钻孔，上下孔洞应保持在同一水平线上。

（2）检查铰链，查看其是否能正常使用，应先将铰链预安装至柜门上，做好螺钉位置记号，再将柜门一侧的铰链装上去，最后将柜门安装至柜体上即可（图8-27）。

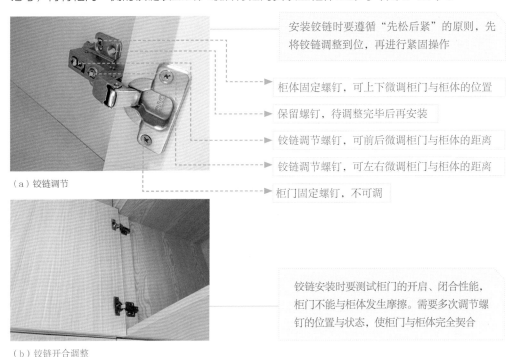

安装铰链时要遵循"先松后紧"的原则，先将铰链调整到位，再进行紧固操作

柜体固定螺钉，可上下微调柜门与柜体的位置

保留螺钉，待调整完毕后再安装

铰链调节螺钉，可前后微调柜门与柜体的距离

铰链调节螺钉，可左右微调柜门与柜体的距离

柜门固定螺钉，不可调

（a）铰链调节

铰链安装时要测试柜门的开启、闭合性能，柜门不能与柜体发生摩擦。需要多次调节螺钉的位置与状态，使柜门与柜体完全契合

（b）铰链开合调整

图8-27 柜门铰链安装

2）拉手安装

先用卷尺测量拉手的安装孔距，再在橱柜门上确定好安装位置，注意外侧手握拉手，内侧将螺钉从柜子内侧穿向外侧，对准拉手安装孔拧紧即可（图8-28）。

安装拉手前预先测量尺寸，确定位置，用铅笔做好标记，根据标记钻孔

螺钉从柜门背后穿至前端，与拉手螺孔固定紧密

（a）柜门正面　　　　　　（b）柜门背面

图8-28 柜门拉手安装

8.4.12　调整验收

1）调整

橱柜安装完毕后应仔细检查连接处是否有缝隙，五金件是否松动，安装过程中产生的杂物与柜体上的灰尘是否已经清理干净，工具、配件等是否完整。

2）验收

（1）检查柜体结构的稳定性，查看柜体细节部位是否处理妥当，并保证柜体的各构件连接紧密，结构上也能保持横平竖直。

（2）检查活动部件、功能组件的可用性，确保功能稳定可靠，查看整体橱柜柜体表面是否存在毛边、上下不平、左右不对称等问题。

8.5　搭配电气设备

整体橱柜搭配的电气设备主要有冰箱、烤箱、洗碗机、消毒柜、微波炉、抽油烟机、灶具等。

8.5.1　电气设备安装要求

（1）如果要安装嵌入式电气设备，则橱柜应当尽量选择标准尺寸柜体，柜体深度不应小于600 mm。

（2）在制作整体橱柜之前，应确定好嵌入式电气设备的尺寸，这样能避免橱柜安装完成后无法安装电气设备。

（3）嵌入式电气设备安装完成后应进行通电试验，并需检查安装是否平稳、开合柜门时是否有阻碍等。

8.5.2　电气设备安装示例

电气设备要预先购置，根据设备尺寸设计整体橱柜，这样才能保证电气设计与整体橱柜之间完全契合（表8-1、图8-29~图8-31）。

表8-1　整体橱柜搭配电气设备安装

设备	图示	安装步骤
嵌入式洗碗机		①防水措施：为了保证橱柜柜体的干燥度，在安装嵌入式洗碗机前应当在橱柜顶部的内表面粘贴防蒸汽贴纸。 ②连接进水管与进水阀：检查洗碗机软管组件，确保其能正常使用，若水管长度不足，可适当延长，但不可长过5 m。 ③预装：将嵌入式洗碗机预装至橱柜内，同时均匀用力，将电源线、排水管、进水管等穿过橱柜预留的孔洞。

续表 8-1

设备	图示	安装步骤
嵌入式洗碗机		④连接进出水口：连接排水管出水端口与水槽，同时连接进水管与进水接口，注意排水管不能打折。 ⑤连接电源：额定电压为 220 V，接好嵌入式洗碗机的插座，并调整好安装高度，必须保证洗碗机水平放置。 ⑥固定：接通水电，试运行嵌入式洗碗机，确保其能正常使用后，再穿过洗碗机内部孔位，将其固定至橱柜木板上。 ⑦安装踢脚板：开合嵌入式洗碗机门体，确定好踢脚板的高度，避免其影响洗碗机的正常使用。 ⑧检查：嵌入式洗碗机安装完成后，还需检查其电源线是否接线正常，排水管、进水管是否连接到位等
嵌入式燃气灶		①开孔：根据嵌装孔模板与使用说明，在灶台表面开孔。 ②预嵌装孔：摘掉燃气灶侧边气管接头的防尘帽，取出专用燃气胶管，将其一端套至气管红色标记处，另一端连接气源阀门，并使用管箍箍紧连接处；注意胶管不可放置于灶具上方，不可接触灶体或从底部穿过。 ③试漏测试：蘸取适量肥皂水，将其涂抹在燃气管的接口处，打开气阀，若有气泡产生，则表明有漏气现象，需调整后再测试；注意测试时应适当通风，并保证测试空间内没有明火。 ④安装电池：确保无漏气现象后，根据使用说明安装电池。 ⑤安装火盖、锅支架：确定好火盖与锅支架的位置，然后将灶具放入嵌装孔，使灶具与灶台面能够平稳地贴合在一起，再放平火盖与锅支架即可。 ⑥检查：点火，检查其出火是否正常
侧吸式抽油烟机		①定位：侧吸式抽油烟机底端与灶具距离应在 350～450 mm 之间，根据产品尺寸，找到扣板安装位置，并画线定位。 ②钻孔：使用冲击钻，在安装位置钻一个深度为 50～60 mm 的孔，然后将膨胀管压入孔内，再用螺钉固定住挂板。 ③安装抽油烟机：找到抽油烟机背后的扣板，将其挂扣至已安装好的挂板上。 ④安装排烟管：排烟管一头应插入止回阀出风口内外圈之间的槽口中，并用螺钉固定；另一头则直接通过预留孔伸入室外；注意公用烟道需用烟道防回阀止回阀连接，并密封；独立烟道则应当在排烟管外安装百叶窗，避免回灌。 ⑤加长罩安装：当烟管外露时，则需额外定制加长罩。 ⑥安装配件：检查油杯、面罩等配件，根据说明书安装

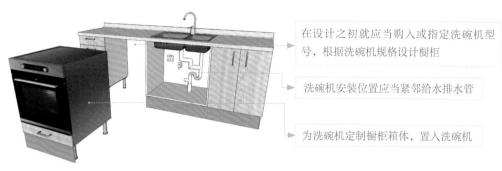

在设计之初就应当购入或指定洗碗机型号，根据洗碗机规格设计橱柜

洗碗机安装位置应当紧邻给水排水管

为洗碗机定制橱柜箱体，置入洗碗机

图 8-29　嵌入式洗碗机安装示意

图 8-30　嵌入式燃气灶安装示意

在设计之初就应当购入或指定燃气灶型号，根据燃气灶尺寸在台面上开孔，橱柜安装完毕后随时嵌入燃气灶，采用玻璃胶局部固定，便于随时拆装检修

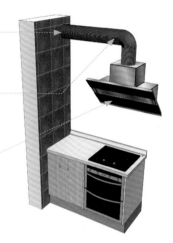

与烟道交界处安装止回阀

直径 150 mm 以上排烟管

壁挂高度根据使用者身高精准确定

图 8-31　侧吸式抽油烟机安装示意

8.6　加装成品五金件

　　加装成品五金件主要是为了增强整体橱柜的使用功能。成品五金件主要有墙面挂架、墙面调味架、墙面置物架、墙面刀架等，它们的安装方式基本相同，下面主要以挂架安装为例介绍成品五金件的加装方法。

8.6.1　挂架安装注意事项

　　（1）注重合理性。挂架多安装在厨房墙面或厨房门背面等不会占据过多空间的位置，且挂架的大小应合理，在视觉上要平衡。

　　（2）具备适用性。挂架的安装要能增强整体橱柜使用的便捷性，要根据使用者的生活习惯、身高等因素确定挂架的安装位置。

8.6.2 挂架安装方法

挂架灵活小巧，具有良好的展示性，能很好地归置生活用品，常见的太空铝挂架具有轻巧、永不锈蚀、不易留水印等优点，使用频率比较高。

挂架应按照准备施工工具→确定挂架位置→电锤打孔→在墙面钉入螺钉或膨胀螺栓→用螺钉固定承挂条的步骤安装，注意孔距要与挂架两端固定点相符合，并需保证挂架安装的平稳性（图8-32、图8-33）。

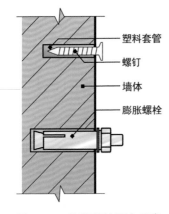

塑料套管
螺钉
墙体
膨胀螺栓

图 8-32　膨胀螺栓固定示意

图 8-33　墙面挂架

钻孔并与洞口内壁形成挤压产生阻力，使螺钉或膨胀螺栓紧固在墙体中。当受力超过 20 kg 时，应当让螺钉穿透橱柜板材，并将其固定到墙体中；当受力超过 40 kg 时，应当选用膨胀螺栓将其固定到墙体中

安装挂架要保持挂架的水平度，可采用水平尺或水平仪辅助

8.7　验收与交付使用

整体橱柜在安装后要仔细验收，并仔细检查整体橱柜设计是否与设计方案相符，内部格局是否与平面方案吻合，表面是否有磕伤、划伤等状况。

8.7.1　验收单

整体橱柜验收单是施工安装完毕的检验凭据，其中包含的项目直接表明橱柜的安装质量，是橱柜厂家、商家提供验收与交付使用的重要依据（表8-2）。

表 8-2 整体橱柜验收单

服务人员与用户验收确认项目	确认项目	验收标准	检查结论
	柜体	安装连接应牢固，切割部位应平滑、密封到位；各配件齐全，且表面没有划痕、凹凸不平等状况	□通过 □不通过
	功能柜体	功能配件齐全，安装牢固，且抽拉顺畅；使用无异响，转动灵活，没有阻碍感	□通过 □不通过
	门板	铰链安装牢固，门板表面无裂痕或凹凸不平等状况，把手安装一致	□通过 □不通过
	电气设备	电气设备可正常使用，安装位置正常，且抽油烟机与灶具中心的偏差值小于 20 mm	□通过 □不通过
	水槽	配件齐全，安装牢固，没有渗水现象，没有杂物残留	□通过 □不通过
	水龙头	配件齐全，安装牢固，没有渗水现象	□通过 □不通过
	卫生情况	室内洁净，没有卫生死角	□通过 □不通过
	人造石台面外观	颜色：表面无色差，无褪色现象；接缝：接缝平齐	□通过 □不通过

用户须知：尊敬的用户，请您仔细阅读本用户须知，确认无误后再签字。

1. 上述验收检查项目，服务人员已当面与客户确认交接完毕，且检查结论均符合表中所列明的验收标准。

2. 上述验收检查项目，服务人员已给客户讲解清楚整体橱柜使用保养注意事项，且客户完全接受。

3. 客户在使用过程中应自主做好防水、防腐、防烫、防高温、防外力撞击、防阻塞等使用保养工作，并做好整体橱柜与厨房的日常清洁工作。

4. 若长期不使用，则请断电、断水，水电设施使用完毕后还请关闭阀门，以确保使用安全。

5. 服务范围：仅对合同内产品提供服务与有限责任的售后服务保证；客户从其他渠道获得的产品，在非服务范围内，尤其是涉及水、电、气设施的安全事项，由于服务人员无法确认产品的质量是否合格，同时无法追究厂家责任，因此不提供服务与售后服务保证，且不承担任何责任。

整体橱柜安装共耗时　　天

是否对服务满意：□非常满意　　□基本满意　　□不满意

客户签字：　　　　　　　年　　月　　日

8.7.2 验收注意事项

（1）仔细查看橱柜门板是否与当初所选择的色号一致，柜体、门板、拉手等的色调是否一致（图 8-34、图 8-35）。

查看板材色板，对比柜体、柜门等的色号是否与产品说明上色号一致

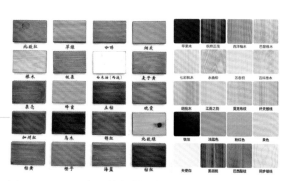

图 8-34 不同色号的板材示例

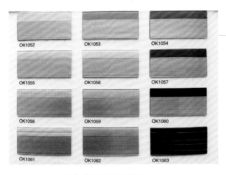

图 8-35 橱柜封边条样品

验收橱柜时应仔细检查橱柜门板封边的颜色是否与订购时相符合，封边是否完整，是否有脱落趋向等

图 8-36 橱柜台面连接处

台面连接处不可遗留胶痕，且台面连接处的胶面应当平滑、无凹凸感，从视觉上没有明显黏结的痕迹

（2）门板安装应相互对应，且高低需一致，同时门板的表面触感平整，且没有任何气泡，视觉效果也较好。

（3）橱柜台面应无裂痕或凹凸不平的状况，收口应平滑，水槽与灶台的相关尺寸设计应合理，水龙头安装应牢固，并需保证下水管无漏水（图 8-36）。

（4）吊柜整体高度水平应一致，相邻柜身之间应当没有明显的缝隙，且摇晃柜身时，柜体不会晃动。

（5）橱柜所有抽屉、拉篮抽拉应顺畅，使用时不会产生异响，不会有阻碍感，并设置有不被拉出柜体的限位保护装置。

（6）同一平面上的抽屉间隙应平行一致，抽屉与框架之间的间隙不应大于 2 mm；抽屉盒对角线不应大于 2 mm，屉底与屉帮之间的间隙应小于 0.5 mm。

（7）检查拉手与柜体之间的开合关系，拉手与门扇的表面是否有刮花、损伤、生锈等现象，若有则需及时处理。

（8）铰链安装应当无松旷感，螺钉安装应精密，开关时应无摩擦声响，柜门开启与关闭时应当有均匀的阻力，应着重检查铰链是否固定好、是否出现生锈等现象。

（9）在水槽内注满水，再完全打开落水塞，又重新注水的情况下，仔细检查水管与水槽连接处，以及排水结构的连接处是否出现漏水现象。

8.8 整体橱柜安装步骤

L 形整体橱柜适用于大部分厨房，这类橱柜拥有比较充足的储物空间，下面介绍 L 形整体橱柜的安装步骤（图 8-37 ~ 图 8-52）。

图 8-37　核对橱柜生产单

在正式安装之前应根据生产单检查板材、五金件等是否有缺项

图 8-38　预装螺钉

在板材上确定好螺钉安装的位置，并进行预装，必须确保板件同一方向上的螺钉在同一水平面上

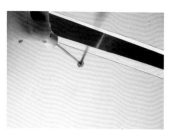

图 8-39　拧紧螺钉

使用合适规格的螺钉刀拧紧板件上的螺钉，注意控制好力度与拧紧程度，以免用力过度导致螺钉滑丝

图 8-40　板材修边

使用专业设备对柜体进行修边处理，修边结束后应当黏结好修边条

图 8-41　安装柱脚

使用手电钻安装橱柜上的柱脚

图 8-42　墙面定位钻孔

使用电锤在墙面上钻孔，应当先用三角瓷砖专用钻头钻出小孔后，再用麻花钻头深钻约 60 mm

图 8-43　预留排水孔位

安装地柜时，要将厨房地面排水管位置预留缺口或孔洞，当排水管位于橱柜底部中央时采用钻孔钻头对橱柜底部钻孔，当排水管位于橱柜底部边侧时采用曲线锯对橱柜底部进行切割，整体的加工边长或直径尺寸应当比管道大 10 mm 左右

图 8-44　预留燃气管道的位置

采取同样的方法对吊柜底部进行加工，在燃气管道的位置上预留缺口或孔洞

图 8-45　检查门板是否有问题

仔细检查门板是否存在残缺或破损，使用手电钻安装铰链后编号排列

图 8-46　根据定位安装地柜

将橱柜组装后，严格控制垂直度，对橱柜进行固定并安装柜门

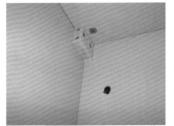

图 8-47　柜体内安装吊码

柜体内的吊码主要用于连接并固定橱柜内角的三块板材，使它们保持垂直且紧密

图 8-48　地柜内安装拉篮等五金件

拉篮等五金件的安装比较简单，与抽屉安装方式相同，对准左右两侧平衡度即可

图 8-49　检查地柜内燃气管道与煤气表是否正常

燃气管道在柜内应当处于不受挤压的状态，所有管件与柜体之间应当保持 20 mm 以上的间距

图 8-50　抽拉地柜拉篮并检查是否有异响与阻碍

测试橱柜拉篮安装状态，根据实际情况调整

图 8-51　安装吊柜并检查气撑是否正常

先安装铰链，再安装气撑，气撑的开关角度与铰链不能产生矛盾

图 8-52　揭开柜门面层贴膜

待橱柜安装完毕后，应当在第一时间揭开柜门面层贴膜，否则其与空气接触后会发生氧化，不再容易被揭开

第 9 章

整体橱柜维护保养

重点概念： 柜体维护保养、台面维护保养、门板维护保养、设备维护保养

章节导读： 整体橱柜使用一段时间后，其表面难免会有一些油污，板材表面的光泽也会慢慢暗淡，所以对橱柜进行维护与保养势在必行。依据整体橱柜结构的不同，其维护与保养方式也有所不同，应当针对柜体、台面、门板等不同的材质选择不同的清洁和保养方式，这样才能有效地延长整体橱柜的使用寿命，效果也会更显著（图9-1）。

图 9-1　干净整洁的台面

做好橱柜台面的日常清洁工作，不仅能增强厨房整体的美观性，同时也能增强台面的耐用性。

9.1 柜体维护保养

整体橱柜在使用过程中需要好好维护与保养，在使用时应当避免尖锐物体撞击柜体，应当做好日常的清洁工作，以免残留油污影响柜体整体的美观，后期清理也会比较困难。

9.1.1 柜体清洁方法

（1）不应使用浓度较高的洗洁精清洁柜体表面，这会严重影响柜体使用，且会导致柜体表面出现褪色、色泽不均等状况。

（2）应重点清洁柜体板件连接部位以及角落部位，这些部位容易堆积污渍，且不易清除。

（3）柜体外表面的拉手、拉扣等间隙处，以及抽屉、门板与柜体的间隙处都需要经常清洁，清洁时应当用软布蘸取适量的清洁剂擦拭。

（4）木质柜体表面清洁时应先用温水浸泡棉布，然后将水分拧出，并保持一点湿度，再用棉布擦拭柜体表面即可。如果需要彻底的清洁，则可以将中性清洁剂混合在温水中，用棉布蘸取后轻轻擦拭柜体表面，清洁之后再使用干质软棉布迅速擦干柜体表面的水分（图9-2）。

图9-2　木质柜体

木质柜体表面清洁可使用软布顺着木质柜体的纹理去尘，去尘前，应在软布上蘸点清洁剂，不应当使用干抹布擦拭，这会擦花木质柜体表面

（5）金属柜体表面清洁应注重腐蚀问题，日常使用时应避免金属柜体表面被划伤，以免破坏其表面保护膜，要禁用硬质物件碰撞、摩擦金属柜体表面，并禁止使用天那水、环己酮等化学剂作为清洁剂来清洁，以免损伤金属板面（图9-3）。

金属柜体表面应当使用清水配以半干抹布擦拭，并应避免长时间被阳光直射，这也能防止金属柜体出现变形、变色、开裂、脱胶等现象

图9-3　金属柜体

（6）柜体在长期使用中，表面尘垢沉积吸收水分，当空气中含有硫化物时，柜体很容易遭受腐蚀，因此必须按时清洁柜体表面，应当每半年彻底清洁一次。

（7）由于长时间开合柜门，柜体的收边条可能会出现轻微脱落的现象，因此应当定期检查收边条，查看其是否有脱落现象，若出现该状况，应当立即用免钉胶将其黏合。

（8）每周应用软布蘸清水或中性洗涤剂清洁柜体表面，不要用硬质抹布，因为它可能会对柜体表面造成伤害（图9-4）。

（9）当柜体表面有很严重的污渍时，可用专业清洁剂来擦拭，不可使用普通肥皂与洗衣粉，更不可使用去污粉这类强酸或强碱的清洁剂来擦拭柜体表面（图9-5）。

图9-4 柜体清洁软布

图9-5 柜体专用重油清洁剂

9.1.2 柜体保养方法

（1）橱柜柜体内部的卫生情况与湿度要控制好，由于柜体多为木质材料，受潮易变形，因此碗碟、茶杯等物品应擦拭至不滴水状态再存放。

（2）在日常使用过程中，应常打开柜门进行通风换气，一方面可以消除柜体内的异味，另一方面也能降低柜体内部的湿度，还能有效避免细菌滋生。

（3）不可用尖锐的物品刮、划柜体表面，日常清洁应使用软布擦拭，不应使用钢丝球擦拭。

（4）橱柜柜体内的五金表面若有水渍残留，应当及时擦干，以免因五金件被侵蚀而影响柜体的正常使用。

（5）日常使用橱柜时，注意不要拉扯柜体边缘的防撞条，防撞条可以很好地起到防尘、防撞、防蟑螂的效果。

（6）活动式的搁板可上下调整，要注意搁板钉是否放对位置，通常下柜内放置重的物品，上柜内放置轻的物品，比如调味罐及玻璃杯等。

（7）水槽柜使用时应当注意下水道密封材料、软管等的使用期限，并定期检查，出现问题时应当立即更换（图9-6）。

（8）应当定期清理水槽与台面的衔接部位，并保证其处于干燥的状态，这样也能避免污渍渗入水槽柜中。

图9-6　水槽柜的使用

> 水槽柜使用时应当保持下水道的通畅，并应当定期检查水管是否有漏水现象，发现有堵塞或漏水情况时，应及时请专业人员进行处理

9.2　台面维护保养

台面在日常生活中使用频率较高，它是与油渍、污渍、水渍等接触最多的界面，只有做好橱柜台面的维护与保养，才能有效地延长橱柜的使用寿命。

9.2.1　台面清洁方法

不同的整体橱柜台面材质有所不同，因而有着不同的清洁方法。

1）天然石台面

天然石材质的橱柜台面应当使用软百洁布进行清洁。注意不可使用甲苯类清洁剂或酸性较强的清洁剂擦拭天然石台面，其会损伤台面的釉面层，导致台面光泽变得暗淡。

2）人造石台面

人造石材质的橱柜台面清洁时可使用软毛巾或软百洁布，蘸取适量水或光亮剂擦拭其表面即可，不应当使用硬质钢丝球擦拭人造石台面（图9-7）。

> 人造石材质的橱柜台面使用后要及时擦拭，要避免污渍残留，当台面出现裂缝时要及时进行修补，并定期进行抛光、打蜡处理，以保证台面的光泽度

图9-7　人造石台面清洁

3）防火板台面

防火板材质的橱柜台面清洁时应蘸取适量的清水与清洗剂混合溶液，先用尼龙刷擦拭，再用湿热抹布擦拭，可多擦拭几次，待表面洁净后，再用干抹布将其擦干。

4）原木台面

原木材质的橱柜台面清洁时应先用鸡毛掸子掸除台面灰尘，再用干毛巾蘸取适量的原木保养专用乳液擦拭其表面。注意不可使用湿抹布与油类清洁剂擦拭原木台面，否则会导致台面因湿度过大而出现起鼓现象。

5）不锈钢台面

不锈钢材质的橱柜台面清洁时同样应使用软毛巾或软百洁布，通常蘸取适量水或光亮剂擦拭其表面即可，不应当使用硬质钢丝球擦拭不锈钢台面（图9-8）。

不锈钢材质的橱柜台面在使用时要防止擦、碰、避免碱性物质接触台面，通常应当使用中性清洁剂清洗其表面

图9-8　不锈钢台面

9.2.2　台面保养方法

（1）切菜时要使用砧板，避免在台面上留下刀痕。

（2）一般材质的橱柜台面表面存有气泡与缝隙，当有色液体渗透到台面内部时，台面会出现变色、污渍难清理等问题，因此当酱油不小心滴落到台面上时，务必要及时擦除干净。

（3）洗菜盆和煤气灶在使用时要避免强烈的撞击或敲击，避免其与台面相接的部位出现缝隙或裂痕，同时要避免台面相接处长期被水浸泡。

（4）无论是哪种材质的台面，过热的物体都不可直接或长时间搁放在橱柜台面上，避免台面因为局部受热过度出现膨胀不均、变形等状况（图9-9、图9-10）。

隔热垫能够有效地对橱柜台面进行隔热处理，并可避免热源对台面的伤害

图9-9 放置隔热垫

毛巾或布艺品作为生活中的常用品，同样可起到隔热作用，为了保证隔热效果，可多叠几层

图9-10 毛巾或布艺品隔热

（5）在橱柜台面的日常使用中，应当尽量避免用尖锐的物品触及台面，以免产生划痕。

（6）当橱柜台面被刀具不慎划伤时，可以用砂纸磨光；对光洁度要求为亚光的橱柜台面，可用400号～600号砂纸磨光直到刀痕消失，然后再用清洁剂与百洁布将其恢复原状。

（7）如果橱柜台面呈现出镜面效果，可先用800号～1 200号砂纸磨光，然后使用抛光蜡与羊毛抛光圈进行抛光，再用干净的棉布清洁台面，细小的伤痕处理用干抹布蘸食用油轻擦表面即可（图9-11、图9-12）。

图9-11 蘸取适量的清洁剂

图9-12 擦拭灶台与台面连接处

实际清洁台面时可先将清洁剂挤到海绵刷的摩擦面，一来可以清除台面污渍，二来也能在一定程度上处理台面划伤。但这种方法不适用于金属与不锈钢材质的台面，这种方式会加深台面刮伤

橱柜台面在清洁时不可遗忘灶台与台面连接处，由于台面与灶台存在一定的高度差，为了更好地清除缝隙污渍，可用棉布包裹叉子钩出缝隙内的污垢，然后再用软布擦拭干净

（8）人造石台面虽具有持久抗伤害的能力，但使用时仍需避免与烈性化学品接触，如去油漆剂、金属清洗剂、炉灶清洗剂等，在清洗这类台面时应避免接触亚甲基氯化物、丙酮、强酸清洗剂等。

（9）当橱柜台面不慎与亚甲基氯化物、丙酮、强酸清洗剂等物品接触时，应立即用大量肥皂水冲洗其表面，以免这些物质在台面上停留时间过长，导致橱柜台面过度损坏。也可使用白醋和苏打粉进行清洁（图9-13、图9-14）。

图9-13　肥皂水清洗

按比例调配肥皂水，肥皂水可选用香皂或普通肥皂调配。当人造石台面上有污迹时，可选用大孔隙泡沫海绵蘸取适量的肥皂水或含氨水成分的清洁剂擦拭人造石台面

橱柜台面清洁也可使用白醋与苏打粉混合的方式来清洗橱柜台面，这不仅能有效去除橱柜台面表面的强酸或强碱性污垢，也能有效延长橱柜台面的使用寿命

图9-14　白醋、苏打粉清洗

（10）由于油遇热后会发生氧化现象，故当橱柜台面表面有油污残留时，可先在油垢表面喷上适量的油污专用清洁剂；然后在其表面加铺一层保鲜膜，再用吹风机对其加热2分钟，注意吹风机与保鲜膜的距离应保持在100 mm左右，避免保鲜膜受热过度而破裂；最后再用蘸有清洁剂的抹布擦拭即可。但这种方法不适用于遇热会变形或变色的台面。

💡 小贴士

橱柜角落与缝隙的清洁保养

对于橱柜角落与缝隙的清洁，可使用超细纤维布包裹住餐刀，在保证餐刀不会穿透纤维布对橱柜表面造成伤害的情况下，将餐刀嵌入缝隙或角落处，剔除污渍。

9.3.1 门板清洁方法

（1）橱柜门板应当使用清洁液与肥皂液的混合液进行具体的清洁工作，不应当使用稀料或酒精溶液。

（2）当有胶质的东西粘在橱柜门板上时，可先使用碧丽珠将胶质物轻轻擦拭掉，再使用软百洁布擦拭一遍。

（3）日常使用时要避免浓酸、浓碱等腐蚀性较强的溶剂接触橱柜门板，若不慎接触，应当立即使用中性清洁剂或肥皂液清洗门板表面。

（4）烤漆材质的橱柜门板通常应使用质地比较细腻的百洁布蘸取适量的中性清洁剂擦拭其表面。

（5）木质橱柜门板在清洁时应先用温水浸泡棉布，然后将水分拧出，并保持一点湿度，再用棉布擦拭门板表面即可。如果需要彻底的清洗，可选择中性清洁剂混合在温水中，轻擦门板表面，清洗后再使用干质软棉布迅速擦干门板表面的水分。

（6）实木橱柜门板可使用实木专用的水蜡清洁保养。

（7）水晶橱柜门板可用质地较细腻的绒布蘸取适量的温水或中性清洁剂擦拭。

9.3.2 门板保养方法

（1）日常使用橱柜时，要避免台面上的水滴落到门板上，门板长时间被水浸泡会产生变形、开裂等状况。

（2）定期检查橱柜门板合页、拉手等是否能够正常使用，开关柜门时，合页、拉手是否会出现松动或异响，发现问题时应立即进行调整或维修（图9-15）。

（3）当吊柜使用的是玻璃柜门时，日常开关柜门应做到轻启轻闭，并定期擦拭玻璃表面。

（4）应保持厨房内部空间的湿度平衡，以免空气过于干燥而导致橱柜门板出现开裂（图9-16）。

图9-15　检查橱柜柜门五金件

图9-16　打开柜门通风

（5）实木贴皮橱柜的柜门在清洁时不可直接使用湿布擦拭，当门板表面有水渍时，应当立即擦除。

（6）不可使用硬质清洁用品擦拭橱柜门板，否则会划伤门板，导致门板美观性降低，使用寿命也会有所减短。

门板脱边与挡板换新

① 门板脱边：当橱柜门板出现脱边状况时，应当重新进行封边处理，应先清理封边条与门板的接触面，然后使用适量的胶黏剂粘贴封边条，最后擦拭掉多余的胶黏剂。

② 挡板换新：螺钉固定的挡板换新应先用螺钉刀将挡板上的螺钉拧下来，生锈部位先喷涂适量的除锈剂，再更换新的挡板；胶水固定的挡板换新则应先去除胶水，清理基层后再用胶水粘贴新的挡板，并使用软布蘸取温水与清洗剂擦拭掉多余的胶水。

9.4 设备维护保养

五金件与厨房设备是整体橱柜的品质核心，五金件与设备要注重维护与保养，以提升整体橱柜的使用效率（表9-1~表9-3）。

表9-1　整体橱柜五金件的维护与保养要点

五金件	图示	维护与保养要点
拉篮		日常使用要保证拉篮推拉的灵活度，要定期清理滑轨，并定期在滑轨表面涂抹润滑剂； 要避免强酸、强碱物品接触滑轨，当盐、糖、酱油、醋等调料洒落在滑轨上时，应立即蘸清水擦拭； 拉篮内应当储存干燥物品，部分潮湿或油腻过重的物品不应储存在拉篮内
吊柜转篮		要避免强酸、强碱物品接触吊柜转篮，应定期在吊柜转篮底板的滑轮、滑道表面涂抹润滑剂； 使用吊柜转篮时应轻推、轻转，吊柜表面要避免猛烈的外力撞击
铰链		在日常使用时要做好铰链的基本清洁工作，要避免其接触强酸、强碱物品； 要定期在铰链表面涂抹润滑剂，并定期检查铰链能否正常使用

续表 9-1

五金件	图示	维护与保养要点
抽屉滑轨		抽屉使用时不可大力抽拉，这会导致滑轨脱出，要注意避免外力撞击抽屉； 要定期清洁抽屉滑轨，并定期在滑轨表面涂抹润滑剂，以保证能顺畅地抽拉抽屉
不锈钢挂件	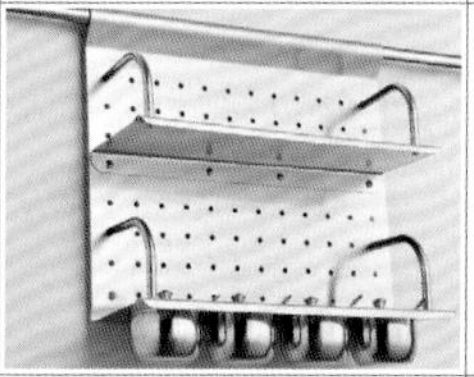	要避免强酸、强碱等物质接触不锈钢挂件，并要避免尖锐物品划伤不锈钢挂件； 可使用亮洁剂擦拭不锈钢挂件表面，这能很好地保持不锈钢挂件表面的光泽度
拉手		要避免强酸、强碱等物质接触橱柜拉手，若不慎接触，可使用软质百洁布蘸取适量的清洁剂或肥皂水擦拭
吊柜支撑	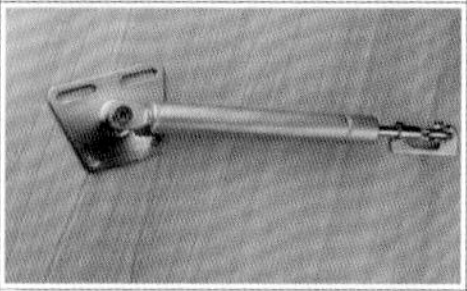	要避免强酸、强碱等物质接触吊柜支撑，并需避免外力猛烈撞击，撞击过度可能会导致吊柜支撑断裂或脱落
水槽		水槽要避免与高温物质长时间接触，当需要将高温的油汤倒入水槽时，应同时开启冷水，调节水温，以免水槽内温度过高导致排水管被破坏
水龙头		不锈钢水龙头应定期清洁，当其表面有污渍时，可使用软布蘸取适量的亮洁剂擦拭

表 9-2　厨房设备的维护与保养要点

设备	图示	维护与保养要点
燃气灶		燃气灶应当使用质地较细的专用去污剂清理，当灶嘴有堵塞现象时，可先用细铁丝刷去灶嘴表面的炭化物，并逐一刺通出火口，然后再用毛刷清理残余的污垢； 应定期检查煤气管路，查看其是否有漏气现象
抽油烟机		使用抽油烟机时应保持厨房内部空气流通，并保证气压正常，以便抽油烟机能正常抽吸油烟； 应定期清理抽油烟机，可使用专门的清洁剂进行清洁，在使用新的抽油烟机前，还可在储油盒内撒上一层肥皂粉，再在肥皂粉表面倒入适量的清水，这样油污会漂浮在水面上，后期清洁也会比较方便

续表 9-2

设备	图示	维护与保养要点
消毒柜		应每天通电消毒，消毒除菌的同时，也能保证消毒柜可以正常使用；在通电的情况下，不可将带水的餐置具入消毒柜中，这会导致消毒柜内电器元件、金属表面等因受潮而出现氧化现象
微波炉		可用洗洁精、白醋、柠檬汁等清洗微波炉内部的污垢，应当使用软质的干净抹布擦拭微波炉；当微波炉出现问题时，应立即断电，并交由专业人员进行检修
电饭煲		内锅在清洗后必须拭干外表面上的水渍才可放入电饭煲内通电使用，日常使用时应将电饭煲放置在干燥的区域，并远离可释放腐蚀性气体的物品

 小贴士

人造石台面的刀痕、灼痕处理

① 亚光表面：先用 600 号砂盘以圆圈状打磨刀痕、灼痕处，至刀痕、灼痕消失后，再用 800 号～1200 号砂盘以圆圈状打磨，最后用软质百洁布擦拭即可。

② 半亚光表面：先用 600 号砂盘以圆圈状打磨刀痕、灼痕处，至刀痕、灼痕消失后，再用 800 号～1200 号砂盘以圆圈状打磨，接着用软布蘸取适量的光亮剂擦拭，最后用软质百洁布擦拭即可。

③ 高光表面：先用 800 号砂盘以圆圈状打磨刀痕、灼痕处，至刀痕、灼痕消失后，然后用 1200 号～1500 号砂盘以圆圈状打磨，再用 2000 号砂盘以圆圈状打磨，接着用亮光剂与低速羊毛抛光机抛光，最后用非研磨性台面光亮剂上光即可。

表 9-3　厨房电器使用常见问题

常见问题	原因及解决方法
灶具开关旋钮扭不动	原因：点火器总承阀芯缺油、开关旋钮扭转时摩擦过大，会导致旋钮出现卡紧现象。 解决方法：可涂抹专用润滑剂进行预防
灶具打不着火	原因：气源未打开、线路出现故障、灶具喷嘴有堵塞、气源胶管无法通气、内部电路松动、电池缺电等都会导致打不着火。 解决方法：使用时应定期检修电路，并用钢针定期疏通喷嘴
抽油烟机排烟效果较差	原因：抽油烟机安装高度过高、厨房内部空间过于封闭、烟管内有阻碍物、排烟管道接口严重漏气、滤油网油污过多等都会导致排烟效果变差。 解决方法：安装抽油烟机时应减少烟管长度与拐弯次数，要保持排烟管道内部的通畅性，通常灶具与抽油烟机之间的间距在 650～750 mm 之间，注意使用时可适当开窗通风
冰箱不能正常制冷	原因：制冷剂发生泄漏、毛细管有堵塞、冰箱压缩机部件出现损坏、温控器失灵、冷凝器出现故障、冰箱门没有关闭严实等都会导致冰箱不能正常制冷。 解决方法：日常使用时应定期检修冰箱压缩机部件，若有故障应立即更换；当制冷剂泄漏时，应及时修补泄漏部位，并加灌适量的制冷剂；注意应定期吹洗或更换毛细管，温控器也应当定期检修

参考文献

[1] 廖继勇. 定制家居销售一本通[M]. 北京：东方出版社，2020.

[2] 整理生活学院. 整理生活：风靡全球的整理收纳术[M]. 北京：中国纺织出版社，2020.

[3] 日本株式会社X－knowledge. 厨房那些事儿[M]. 北京：中国轻工业出版社，2020.

[4] 于之琳. 整理收纳全书[M]. 青岛：青岛出版社，2020.

[5] 日本主妇之友社. 小户型收纳魔典[M]. 北京：煤炭工业出版社，2019.

[6] 漂亮家居编辑部. 懂收纳的家居设计[M]. 北京：中国水利水电出版社，2018.

[7] 李建清，傅琳浩. 橱柜营销[M]. 厦门：厦门大学出版社，2017.

[8] 樊伟忠，张绍明. 橱柜制造[M]. 厦门：厦门大学出版社，2017.

[9] 刘佳，赵璧. 橱柜设计[M]. 合肥：合肥工业大学出版社，2017.

[10] 蒋志平，蓝碧议. 橱柜安装[M]. 厦门：厦门大学出版社，2017.

[11] 刘鹏刚，赵汗青. 橱柜材料[M]. 厦门：厦门大学出版社，2017.

[12] 张继娟，张绍明. 整体橱柜设计与制造[M]. 北京：中国林业出版社，2016.

[13] 韩峰. 橱柜这样卖才赚钱[M]. 北京：北京理工大学出版社，2011.